藍學堂

學習・奇趣・輕鬆讀

高效經理人手冊

史丹佛商學院最熱門管理課，
鍛鍊主管5大卓越執行力

THE
MANAGER'S HANDBOOK

Five Simple Steps to Build a Team, Stay Focused,
Make Better Decisions, and Crush Your Competition

DAVID DODSON

大衛・道森———著

許恬寧———譯

各界推薦

「光有做事的慾望還不夠。本書揭曉了把優秀執行力加進正確策略的重要性。」

——麥可・波特（Michael Porter），
哈佛商學院教授、《競爭策略》（*Competitive Strategy*）作者

「商業成功是一分的洞見，加上九十九分的執行。道森把那九十九分寫成這本戰術手冊，適合所有認真想完成任何事的人。」

——華特・羅伯（Walter Robb），
前全食超市（Whole Foods Market）共同執行長

「關於為什麼有的人比別人更能有效完成事情，這是我讀過最好的書。」

——琳達・亨利（Linda Henry），
《波士頓環球報》（*The Boston Globe*）執行長

「我認為我能成功，主要是因為招到一群有超強『GSD』（*get shit done*）能力的人才——再苦、再累的事都能使命必達。這絕對是一本GSD指南。」

——保羅・英里遜（Paul English），
Kayak.com 共同創辦人

「道森沒有一個字是多的。他把十二本商業書和兩年的 MBA 課程，一次濃縮成一本書。」

——布萊恩・史帕利（Brian Spaly），

Bonobos 共同創辦人

「道森用一本書就揭曉各種實務技巧。究竟會苦苦掙扎，還是能做出結果，差別就在那些技巧。」

——艾琳・雅可布斯（Ilene Jacobs），

前富達投資（Fidelity Investments）人資執行副總裁

「真希望我在職涯的早期就讀到這本書。書中一次完整集結摔過很多次跤才學到的心得。這不是一本拿來讀的書。這是一本拿來用的書。」

——華特・博斯特（Walter Borst），

前通用汽車（General Motors）財務主管、Navistar 財務長

「為什麼沒人在二十年前就給我這本書！」

——艾美・艾略特（Amy Errett），

Madison-Reed 創辦人暨執行長

沒人生下來就會領導，這需要後天的養成，
如同培養任何能力，不免都要費一番苦工。

——文斯‧隆巴迪（Vince Lombardi），
被譽為美國橄欖球歷史上最偉大的教練

目錄

第一課｜打造卓越團隊

第二課 ｜ 捍衛時間

第三課 ｜ 運用顧問

第四課 ｜ 堅守優先順序

第五課 ｜ 執著品質

推薦序

為什麼我們需要讀一本
「經理人手冊」？

文｜齊立文

　　請試著回答這個問題：「如何建立團隊、保持專注、做好決策和擊潰對手？」你或許覺得不太好回答，但是不管你是翻書、問人、憑經驗，總是能擠出些答案來。

　　再換個角度，如果這道題，讓一百個人、一千個人，甚至一萬人來回答，試想你是閱卷老師，可以看到幾種答案？

　　不難想見，最後將會看到從發散到集中的歷程。一開始可以列出愈來愈多答案，等到數量多到一個程度，我們陸續看到，有些答案重複出現，最終可以根據每個答案或解法被提及的次數，排出一個優先級別。

　　這篇文章開頭的問題，其實就是本書英文書名副標。本書作者大衛‧道森累積了個人豐富的實戰、教學和研究經驗，嘗試解析經營管理這道「人言人殊」和「各有巧妙不同」的習題，總結出成功經理人都具備的五個關鍵技能組合（skill set）：打造團隊、捍衛時間、尋求建議、排定順序和堅守品質。

站在巨人肩上看得更遠

不管你的管理經驗多寡，你大概說過、也聽過，讀過「管理學」或念過 MBA，不代表就能夠成為優秀的經理人，而很多卓越領導人都是從「做中學」。既然如此，為什麼我們需要讀一本「經理人手冊」？

我的答案是，每個經理人未必念過「管理學」，但都必須「學管理」。可以不必重新發明輪子，直接站在巨人肩膀上，省去自己嘗試與犯錯每件事的時間成本，從已經有一定勝率的招式中，再去摸索出自己的套路。

「做中學」當然沒錯，也很重要，但就像本書前言所說，想學會彈鋼琴、繪畫或打高爾夫球，都是「學習一套『子技能』，加在一起後，能精通主技能。」以鋼琴為例，要會看譜、學指法，更要掌握八十八個琴鍵代表的音階……結合很多子技能，最後學會彈一首曲子，甚至到創作樂曲。你可能很難想像，沒有上過鋼琴課，就買鋼琴開始彈，還能演奏出動人樂章；或是沒去過駕訓班、沒考過駕照，就買車直接開上路。

換句話說，管理工作的確是永無止境地邊做邊學，而且永遠都有得學，但是我們還是要參照一套有系統的方法，才能夠更快而有效地校準和進步。如同本書引述美國前總統林肯：「我如果花六小時砍一棵樹，我會先花四小時磨利斧頭。」

思考周延，避開盲點

這套有系統的方法，不妨把它想成一張又一張的檢查表（checklist），讓你在帶人做事時，可以思考周延，又能夠避開盲點。

以面試人為例，我也是走了不少冤枉路，才慢慢體會到，我需要提出「有鑑別力」的問題，才能夠找到需要的人才，不只是憑直覺、聊得

開心或主觀判斷。而這些問題，如果我在第一次面試時，就有經過科學驗證的題庫給我參考，至少可以在我面談經驗還很少的時候，適度提升我的識才技巧。

在本書裡，有很多題庫、計分卡、表格、流程和步驟，可以協助我們在五項能力上持續精進，非常實用。不過，這只是本書的「實用性」，我在閱讀的過程中，更常體會到的是「感性」層面，因為作者自己有豐富的創業和管理經驗，所以在寫作風格上，不只是條列出注意事項，更多時候說出了一位經理人在面對每一項日常工作時，真實遇到的難處和考驗。

▎把管理列為最優先

本書第十八章提到，巴菲特提醒他的飛機駕駛員麥克・弗林（Mike Flint），沒被挑中的其餘二十個目標，不是有時間再做，而是要「不惜一切代價避免」。這個故事的寓意是取捨和排序，想把最重要的事情做成，就要如雷射般地聚焦專注，就算是還算喜歡的事情，也要捨棄。

如果你已經是主管，或自我期許成為好主管，我建議，把「做好管理」排進前五個目標，這會讓你在工作上成就自己，也會成就更多人，獲得更高、更深層次的成就感。本書是成為好主管的一個好起點。

（本文作者為《經理人月刊》總編輯）

推薦序

堅定執行的勇氣

文／H・艾文・古魯斯貝克（H. Irving Grousbeck）

有鑿成的水井，非你所鑿成的；有溫暖的火堆，非你所點燃的。
　　　　——H・艾文・古魯斯貝克，改寫自聖經申命記6：11

　　約翰・F・甘迺迪總統（John F. Kennedy）在一九六三年即將離世的前夕，在演講中提及當時的科學家與政壇尚在爭論不休的事：是否有可能送人類上月球。甘迺迪引用他最喜愛的愛爾蘭作家法蘭克・歐康納（Frank O'Connor），講了一則小故事：一天下午，一個放學的小男孩路過一面高牆。小男孩每天都會抬頭凝視那道牆，希望有勇氣爬上去，這樣就能抄捷徑回家。一個又一個下午過去了，季節更迭。最後在一個春日，小男孩走向那面牆，把帽子扔到牆的另一頭。這下子為了撿回帽子，他人不得不也跟著過去。小男孩用盡吃奶的力氣後成功翻牆。甘迺迪總統的結論是，唯有抱持那樣的心態，美國才有可能登月。

　　我們也一樣。即便有心要管理與領導，光是想還不足以成功。這本書因此問世，協助大家學習必要的成功管理技巧。想翻牆是一回事，知道翻牆的方法又是另外一回事。

　　身為教授的我經常被問到：「創業者到底跟棒球打擊率達 .300 的優

秀球員一樣，是天生的還是有辦法訓練？」依據我的觀察，並每個人都有想當老大的**慾望**，但領導的**技巧**有辦法學。不需要具備衝動、固執、愛現、張牙舞爪等人格特質，也能成為成功的管理者。如果人生帶你踏上領導這條路，那麼外部的阻礙不是問題，只有心理上的自我設限會困住你。如果想快速掌握管理技巧，最理想的捷徑就是跟隨前輩的心得與經驗；我們通常稱這樣的知識為「最佳實務」。如果這本書只告訴你一件事，那就別浪費寶貴的創意天賦，重新發明前人已經發現的事。

此外，各位在掌握本書探討的管理技巧時，別忘了你做的事很重要。領導者除了帶領組織前進，還會影響到個人。下一代不會有多少人還記得今日最重要的領導者，但那些領導者真真實實碰觸到他人的人生。你能留下的最重要的足跡，不是董事會策略，不是整體政策，也不是會議上滔滔不絕的投影片簡報。我們的渺小貢獻中，重要的是我們曾經鼓舞到某個人，曾經幫了某個人的職涯一把。還有，即便可能對自己不利、付出昂貴的代價，你依然展現道德與正直的精神。簡而言之，你拿出管理風範，以正面的方式影響他人的生命。

如果你有意願，把帽子扔到牆壁另一頭的時間到了。在這場修煉領導力的旅程中，別忘了用上聰明的頭腦，堅定不移地朝目標前進，但同時也要有一顆柔軟的心。在此預祝你一路順風。

（本文作者為史丹佛大學教授、企業家）

謝詞

　　撰寫這本書開始於五年前，原本只是一本小小的「白皮書」，談買下一間企業後的頭一百天該做哪些事。蘇珊・波梅爾（Susan Pohlmeyer）與漢娜・道森（Hannah Dodson）協助我後續又寫下一本又一本的白皮書，直到有一天我想到，我們等於無意間寫成了一本書。然而，我實在太天真。在眾多睿智人士的指點下，花了無數小時後（我很慶幸沒追蹤到底花了多少時間），這本書才出現雛形──出過力的人士實在太多，無法全部記住，但我盡量嘗試……。

　　我要感謝我認識的平日經營公司的執行長與創業者社群。他們閱讀本書的各章節，提供寶貴的洞見。我也要感謝數十位從前的學生。他們人也很好，閱讀早期的草稿，並替最終的版本提供意見回饋。由於人數實在太多，我只能把他們當成一個傑出的團體一併感謝……謝謝你們所有人！

　　傑夫・史蒂文斯（Jeff Stevens）、費爾・羅森布魯（Phil Rosenbloom）、喬恩・赫佐（Jon Herzog）、凱文・塔威爾（Kevin Taweel）、凱倫・萊齊（Karen Liesching）、葛蘭罕・威米勒（Graham Weihmiller），每一個人都大方直接貢獻本書的內容。

　　我對於最佳管理實務的認識，大都要感謝我在史丹佛的教學同事：科里・安德魯斯（Coley Andrews）、珍妮佛・達斯基（Jennifer Dulski）、吉姆・艾里斯（Jim Ellis）、彼得・凱利（Peter Kelly）、喬爾・彼得森（Joel Peterson）、傑拉德・里斯克（Gerald Risk）。此外，關於徵才與入職、能否輔導的架構，以及招募計分卡的最佳運用方法，這幾方面的

概念研發要特別感謝葛蘭罕‧威佛（Graham Weaver）。我也要感謝我的導師：任教於哈佛商學院的麥可‧波特（Michael Porter）指引我寫作，協助我在策略與執行之間找到平衡。

賽門‧柯林斯（Simon Collins）、麥肯‧柯林斯（Malcolm Collins）、詹多斯‧馬洪（Chandos Mahon）、威爾‧寇特（Will Colt）、蘿拉‧法蘭克林（Laura Franklin）從組織的新領導者角度，提供詳細的寶貴回饋。要是沒有他們的指引，我們不會知道該如何呈現本書提到的知識。史蒂芬妮‧康乃爾（Stephanie Cornell）、傑米‧康乃爾（Jamie Cornell）、琳達‧亨利（Linda Henry）、戴夫‧馬尼（Dave Maney）閱讀本書的早期章節，引導我們以最好的方式定位與架構本書。

許多優秀的專家指引我關鍵的子技能。《用腦雇人》（*Hire with Your Head*）的作者盧‧艾德勒（Lou Adler）在我開發標準化的聘雇流程時，翻轉了我的想法，讓我知道該專注於**依據想要的結果找人**。曾經任教於史丹佛的作家詹姆‧柯林斯（Jim Collins），替思考優秀的領導者具備哪些要素，找到關鍵的數據與架構。我個人在研發回饋方式時，金‧史考特（Kim Scott）的研究提供了傑出的架構。此外，在時間管理實務方面，卡爾‧紐波特（Cal Newport）提出的深度工作力（Deep Work），形塑了本書提到的許多方法。我對於設定與堅守優先順序的認識，尤其是在 KPI 方面，很大部分要歸功給我的商業夥伴約翰‧歐康納（John O'Connell）。

康姆‧黎曼（Cam Lehman）協助我把想法化為可讀的書；我的編輯詹‧亞歷山大（Jan Alexander）與瑞克‧沃夫（Rick Wolff）也提供了相關的指引；此外還要感謝理查‧雅可布（Richard Jacobs）與大衛‧亞瑞沙（David Aretha）審稿。克里斯汀‧西吉特（Kirstin Siegrist）讓這本書與我的人生不至於分崩離析。Wiley 出版社員工是上帝派來的天使：莎麗‧貝克（Sally Baker）、雪柔‧尼爾森（Sheryl Nelson）、札克‧席蓋

爾（Zach Schisgal）、黛博拉・席蓋爾（Deborah Schindlar）、凱琪亞・恩斯里（Kezia Endsley）組成的團隊，讓原稿變成一本書。湯姆・巴貝須（Tom Barbash）耐心教我如何寫作；雖然我們兩人的合作沒走到最後，我所有的進展都要感謝他。如果沒有我的經紀人愛麗絲・馬特爾（Alice Martell），就沒有這本書。她是最早對這個計畫有信心的人，接著又在每個關鍵時刻推我一把。她永遠令人敬佩地追求卓越。

我成為管理者的成長過程，要感謝我的前董事會成員：喬・亞伯特（Jon Abbott）、傑夫・布萊達（Jeff Bradach）、史蒂芬妮・康乃爾（Stephanie Cornell）、比爾・伊根（Bill Egan）、蓋瑞・庫辛（Gary Kusin）、鮑伯・奧斯特（Bob Oster）、派蒂・瑞伯柯夫（Patty Ribakoff）、米特・羅姆尼（Mitt Romney）、吉姆・索森（Jim Southern）、理查・泰德勒（Richard Tadler）、威爾・索戴克（Will Thorndike）。我的人生成長則主要得感謝我的三個女兒：瑞秋（Rachel）、漢娜（Hannah）、卡洛萊（Caroline）。

在此感謝我的妻子溫蒂（Wendy）。謝謝你相信我，不只是這本書，還有太多太多事。也謝謝你忍受我數十次宣稱這本書已經寫完。

此外，其他的一切要感謝艾文・古魯斯貝克（Irv Grousbeck）。

搞定事情的五種必備能力

沒有執行的願景只是空想。

——比爾·蓋茲（Bill Gates）

　　我畢業於經濟系，在麥肯錫公司（McKinsey & Company）工作過，接著又在史丹佛菁英薈萃的商學院拿到 MBA 學位。儘管如此，沒人教過我足以帶領組織的基本技巧。我還以為先前所有的學經歷，已經帶給我領導的工具。然而，我成立第一間公司時面臨尷尬的現實：我從來不曾真正雇用過任何人。我沒召開過管理會議，也沒設計過任何薪酬計畫。我接受過大量的昂貴商業訓練，但沒人教過我如何有效地委派工作、解僱、提供實用回饋，或是制定年度營運計畫——更別說是如何把那些事做好。當那些事務成為工作的重點時，我發現學業證書並不等同能力。

　　我其實是邊做邊學，牛步前進，繳了不少學費。我犯過很糟糕的雇人錯誤，還亂燒錢，不僅浪費自己的時間，也浪費團隊的時間。我曾失去了優秀的員工與寶貴的顧客。這些我誤入過的種種歧途，讓我想要寫下這本書。

　　今日的我已經支持過超過一百位創業者，也教過數千名 MBA 學生。我現在知道，我那些早期的經歷不是特例。我們必須以更理想的方

式，協助人們做好領導的準備。我開始認真思考一件事：我發現優秀管理的答案，不是搶先看到新**趨勢**，也不是投資下一個新潮流，而是學習執行──簡言之，要有能力完成事情。

此外，常見的理論是優秀領導者擁有某種天生的氣質，或是具備一套明確的人格特質，但我的研究顯示那不是實情。在本書寫作當下，在 Google 上搜尋「創業者性格」（characteristics of entrepreneurs）會出現超過三‧五億筆結果，其中大都了無新意，例如：**創意、熱情、衝勁、聰明、認真**。這些清單暗示你要嘛天生是這塊料，要嘛不是。

我們知道許多能幹的創業者與領導者，他們的個性差異其實很大。有的人不擅長在眾人面前講話，有的人卻能講到大家起立鼓掌。我認識的內向領袖與外向領袖一樣多。此外，有的高效領袖患有雙相情緒障礙症。成功的榜樣愈來愈多元，認為只有具備某種形象的人士才能勝任管理工作，是時候完全拋開老舊思想了。

我屏棄成功創業需要的「人格特質理論」後，腦中一直有揮之不去的疑問：為什麼有的人比別人更能完成事情？經過三年的觀察與研究後，我發現所有優秀的管理者都擅長五種常見的技巧。他們的性格特質各異，但掌握的技巧是一樣的、共通的，無一例外。艾森豪將軍（Dwight Eisenhower）是這樣、金恩博士（Martin Luther King）是這樣、主持人歐普拉（Oprah Winfrey）是這樣、比爾‧蓋茲是這樣。這個發現令我興奮不已，如果有效管理的關鍵是一組技能，而不是出生時就決定的人格特質，那麼人人都能成為高效領導者。

不論是發射火箭到太空，或是海底鑽井，出色的管理者都具備五種共通的特定技能，每個人都能學習與應用──包括你也一樣。知道如何完成事情的人士，擁有五種相同的技能：

技能一：打造卓越團隊

　　一天有多少小時、一星期有幾天，所有人都一樣，但建立優秀的團隊讓有的人得以管理有數千員工的組織。過去任教於史丹佛大學的柯林斯，仔細研究建立團隊的重要性，鑽研五年後得出結論：

> 打造出優秀組織的人會先讓正確人選上車，確認他們坐在關鍵的位子上，再來決定車要怎麼開。他們永遠先想好人的事，再來決定要做什麼。[①]

　　不需要有過人的能力，也能打造出這樣的團隊，只需要執行流程即可。真的一點也不複雜，就是執行一系列前人研究過的**技能**而已。本書將逐一介紹。不論你管理的是獨立書店，或者是打造電動車，道理都是一樣的。

技能二：捍衛時間

　　多數人一天的時間大都浪費掉了，沒必要放棄寶貴時光，去做不會替組織帶來多少價值，甚至是毫無價值的事。然而，光是擠出更多的時間，增加時間的**量**還不夠。能讓組織脫胎換骨的創意與洞見，很少會發生在回信與回應日常要求之間的零碎時間。那種東西需要不受干擾的一段時間，不做低價值的事務性工作。能完成事情的管理者永遠不讓他人的優先事項，干擾自己的重要任務。

　　然而，我們也知道大部分的時間管理解決方案，需要從各方面改造習慣與偏好，這也是為什麼幾乎永遠都無法持久。我們自知需要改變，也承諾要改，但總是回到原本的壞習慣。我們需要某種適度的調整，不需要大幅改造現有的作息，卻能大幅提升我們擁有的時間**數量**與**品質**。

技能三：運用顧問

　　管理不只是**快速**得出答案而已，還必須得出**正確**的答案。持續做出好決定的重要性，高過想證明自己很行的自尊心。

　　我們身為管理者會碰到的議題，儘管大都被其他人成功解決過很多遍，太多人因為自尊心作祟，無法發揮最大的潛能。他們擔心請教別人的意見會自暴其短。此外，他們還害怕聽到自己的想法不正確。

　　然而，最自信的領袖以不同的眼光看事情。他們知道尋求與接受建議是一種策略武器，讓身邊圍繞能幹的顧問。那些顧問有經驗、有時間、有能力辨識模式，提供坦率與直接的建議——自信的領袖知道如何以最好的方式運用顧問。

技能四：堅守優先順序

　　我們非常容易讓組織充斥矛盾的優先事項，導致團隊東忙一點、西忙一點，缺乏重大進展。經驗不足的領導者會因此而感到沮喪，納悶為什麼身旁的人「動得不夠快」。他們忘記執行自己的絕妙點子將需要雇人、採購設備、設計行銷材料、建立控制系統、租賃場地——一切都需要時間。

　　賈伯斯（Steve Jobs）有一次告訴蘋果全球開發者大會（Apple Worldwide Developer's Conference）的聽眾：「你必須說『不，不，不』，而當你說『不』時，你會得罪人。」賈伯斯明白，發想的速度會快過執行。即便是蘋果這種握有大量資源的公司，也必須把屈指可數的幾件事做到極致，才能夠成功。

技能五：執著品質

　　問自己一個簡單的問題：你比較害怕哪一種對手？是銷售團隊比你強，還是產品更好？你最該擔心的，當然是對手的產品或服務更勝一

籌。在今日的即時通訊世界，客戶知道找誰來修剪草坪最可靠，也知道市面上哪台大螢幕電視最好、哪個軟體解決方案最令人安心。在資訊無所不在的今日，企業無所遁形——提供好品質的公司更是爭著被看到。

追求高品質不是為了美德，而是財源滾滾。高品質是增加獲利最簡單、也最持久的方法，因為品質能刺激營收，改善你的定價能力，還能降低你的支出。然而，提供過人的品質不是口號，也不是使命聲明。你必須有能力準確評估顧客的渴望與需求，有辦法讓公司上上下下都提供那樣的服務，接著依據領先指標，做出正確的營運決定。

有的人士特別懂如何完成事情。我找出他們的五項共同技能，我無意寫又一本打高空的商業書，放進好多的名言，好多的理論。讀者被激勵五分鐘，接著就不知道該做什麼。我想寫一本使用手冊，協助成千上萬名有心做好的領袖與管理者，在日常工作中更上一層樓。

這個挑戰讓我思考大腦如何掌握其他的技能，例如彈鋼琴、畫畫或打高爾夫球。我發現掌握這類技能的方法是學習一套**子技能**，加在一起後能精通**主技能**。舉例來說，學鋼琴的時候，你必須學會看譜，還得知道如何把手指擺在琴鍵上，遊走於八十八個黑白鍵之間。此外，你需要知道升記號與降記號有什麼差別。你在琴鍵上敲出來的，究竟是兩指神功名曲〈筷子〉（Chopsticks），或是演奏披頭四保羅・麥卡尼（Paul McCartney）的〈Let It Be〉，差別就在於你是否掌握多數人都能學會的彈琴子技能。這本書也一樣，把五種技能分拆成一套簡單易懂的子技能。你學會子技能後，就能掌握主技能。

我的最後一項挑戰是該如何呈現素材，才能讓忙碌的讀者快速、輕鬆、有效地掌握。也就在不久前，《哈佛商業評論》（*Harvard Business*

Review）寄給我一份長達二百四十一頁的文件，談如何好好舉辦管理會議的這項子技能。然而，光是討論聘雇這項子技能的書，我的書架上就有好幾十本。雖然全都寫得很好，我沒時間只是為了寫出幾十頁教大家如何行動的內容，就讀上幾千頁的東西。這種事我太清楚了──我還記得在創業早期，幾乎忙到連吃飯的時間都沒有。

我的目標不是往書裡塞滿密密麻麻的文字，害大家讀得很辛苦。我想讓各位以最有效的方式獲得關鍵資訊。這就是為什麼我在解釋各項子技能時，字數盡量**精簡**、盡量**白話**。各章的結尾還會簡單摘要內容，提供執行的戰鬥計畫。這可以解釋為什麼有的章節長，有的章節短。我無意把每一章湊成工整的字數，我知道各位沒時間在乎這些。這是一本拿來用的書，不是讀過去就算了。我人生第一次當管理者的時候，要是有人給我這本書就好了。

本書的特點是先介紹管理某件事需要的主技能，接著拆成任何人都能掌握的子技能組合，以適合忙碌人士的形式呈現。

走到這一步後，我還以 大功告成了，直到某天下午，我和讀完全書草稿的朋友麥可‧波特（Michael Porter）教授聊天。波特表示從某個角度來講，我完全想錯了。波特寫過十九本談領導力的書，其中包括《競爭策略》（*Competitive Strategy*）這本策略領域中的名著。《財星》（*Fortune*）雜誌形容，波特「影響的高階主管人數，超過全球任何的其他教授」，所以他的話我得好好聽進去。

波特告訴我，我誤把五種技能濃縮成一張檢查表。一個人如果要有機會卓越，他必須意識到這是一套環環相扣的子技能。波特為了解釋他的意思，抽出書中的幾項子技能，解釋當中的關聯：為了擬定有效的**營運計畫**，將必須找出推動事業的**關鍵績效指標**。如果要做到那點，高效管理者將必須**打造卓越團隊**。打造團隊又需要掌握聘雇、培訓與委派的技能。此外，領導者將需要透過開**高效會議**，管理那份**營運計畫**，並與

導師和顧問共同研究。

　　波特想說的是，知道如何完成事情的人士具備的五種技能，是一套執行時必須相互整合的原則。他告訴我：「了解競爭情勢是最基本的，但光有想做事的慾望還不夠。領導者如果無法有效執行，策略再好也不會成功。」波特因此接著又說，這五種技能不該像是清單上可以任意挑選的幾個選項。唯有一起運用，才能發揮最大的力量。我原本的呈現方式因此有風險，讀者有可能只挑最簡單的技能，其他的跳過。波特教授看出我寫下的不是清單大全，而是一套整體的執行理論。

　　不論你是校長兼撞鐘的創業者、大型組織下的部門管理者，也或者是中學校長，只要你有心完成事情，這本解釋方法的手冊適合你。

　　最後我想提美國職棒大聯盟洛伊‧哈勒戴（Roy Halladay）的故事。哈勒戴在二〇一〇年五月二十九日那天，投出完全比賽（perfect game），意思是在完整的九局比賽中，沒有任何打者上壘：二十七名打者上場，二十七人全被送回球員休息區。完全比賽是很了不起的成就。自一八八〇年以來，只出現過二十三場完全比賽。此外，史上從來沒有大聯盟的投手能在職涯中，投出超過一場的完全比賽。

　　哈勒戴的故事令我印象深刻的地方，不是他那一天在投手丘達成的成就，而是賽前他和教練走在外野區的時候，教練告訴他的話。李奇‧杜比（Rich Dubee）告訴哈勒戴：「去吧，好好表現。如果你上場時努力拿出好表現，就有機會優秀。」

第 一 課

打造卓越團隊

第 1 章

找人是為了看到結果

一個人可以走很快，一行人可以走很遠。

——非洲諺語

蘋果公司（Apple, Inc.）沒發明滑鼠，沒發明圖形介面，就連個人電腦也不是這間公司發明的，卻因為賈伯斯下定決心讓身邊圍繞著頂尖人才，得以整合這些技術，蘋果榮登全球最具價值的企業。賈伯斯是「先人後事」（First Who, Then What）的最佳例子，也就是企業專家柯林斯在《從 A 到 A⁺》（*Good to Great*）在一書中提出的主張。① 賈伯斯知道，如果沒有正確的團隊來成事，就算發明出下一個**大創新**，也激不起什麼水花。二十世紀初的衛理公會教士盧卡克（Halford E. Luccock）說過一句話：「沒人能用口哨吹出交響樂。你得有交響樂團才行。」

然而，管理者大都真的很不擅長雇人。一份七千位徵才經理的研究顯示，四六％的新人會在十八個月內陣亡，僅一九％「明顯成功」。② 如果是公司其他任何面向出現這種數字，你能接受嗎？我們在招募人才的時候，大都不以結果為依歸——或是講得更白一點，找人其實是為了

「搞定事情」。然而，我們雇人的方式，卻是接受看得順眼的應徵者。找員工對我們來說，只是劃掉待辦事項上的一項工作。我們願意接受只有五成雇對人的機率。

幸好，不需要過人的直覺或天賦異稟，也能找到能做出結果的人選。更好的聘雇方式，始於讓整個組織都採取標準化的做法。標準化能降低有人採取錯誤做法的風險，促使團隊向最佳實務看齊，還能改善流程——唯有讓共同的流程不斷迭代，才能盡善盡美。③

反對標準化的常見理由，包括會奪走徵才的經理人擁有的彈性。然而，以見到成效為目標的聘雇流程，不會影響任何人在做出最終的決定時運用判斷力；反而會因為致力於改善最終的決定，提升蒐集到的資料品質。

找人是來做事的。這條雇用原則真的有用。Sanku 有限責任公司（Sanku LLC）是我共同創辦的國際非營利組織。有一次，Sanku 連續走了三位全國總監，每次找到的人都待不長，我因此強迫組織執行本章介紹的步驟。日後的七名全國總監全部都找對了人。要不是因為有一流團隊的支持，今日的 Sanku 就無法提供營養強化食品給數百萬個高風險家庭了。

▍專注結果，不能光憑直覺

麥爾坎・葛拉威爾（Malcolm Gladwell）在《解密陌生人》（*Talking to Strangers*）一書中提到，某個世界級領袖為了評估國外的合作夥伴，特別飛過去。如同大部分的人面試工作應徵者的方式，那位首相想看著對方的眼睛，觀察肢體語言，再判斷能否在重要的國際事務上信任對方。④ 英國首相張伯倫（Neville Chamberlain）在會晤完畢後，描述自己見到的德國總理：

他和我握手的時候，兩隻手都用上了。他只有在表示極大的善
意時，才會那樣做⋯⋯我此行因此有了斬獲，奠定一定的信
心⋯⋯我從他的臉上看到，這是一個可以信任的人，他會遵守
承諾。

張伯倫輕率地憑直覺與好感下判斷，而不是依據資料和事實。葛拉
威爾描述希特勒這個人的親和力：「那些誤信希特勒的人士，曾與他促
膝長談。」許多理應很會看人的人士，用直覺取代數據與流程，以至於
「我們的 CIA 人員看不出對手的間諜。」葛拉威爾寫道：「法官看不清被
告，首相看不清敵人。」邱吉爾則不曾與希特勒會面。邱吉爾能得出**正
確的**結論，主要是因為他的判斷依據是觀察希特勒的行動，沒被希特勒
的個人風度所迷惑。邱吉爾依據資料正確宣判希特勒是「邪惡的怪物，
燒殺擄掠，貪得無厭。」

各位只需要看自己用人的記錄，就能看出流程專注於結果的重要
性。我們永遠不會聽到有人說，他們想提拔某個內部人選的理由是他們
「喜歡」這個人，或是因為這個人畢業於普林斯頓大學——更不會是因
為這個人如何握你的手。這就是為什麼相較於空降部隊，雇用內部人選
的成功率會高兩成。⑤ 兩者的差距來自我們的依據是內部人選**過往的表
現**，而過往的表現是**未來表現**的最佳指標——聘雇專家阿德勒稱之為
「用你的理智雇人」。內部人選獲得升遷的原因是我們相信他們會帶來
想要的結果。

▎工具 1：制定雇用計分卡

有一次，我被找去協助貨車運輸事業雇用營運經理，其中一份簡歷
拼錯字了，「referral」（推薦人）少打一個「r」。團隊成員說，這個應徵

者我們就不面試了。這個錯字證明這個人不重視細節。然而，我們要雇用的不是審稿人員，也不是英文老師。我們要找的是能指揮貨車隊、讓毛利率改善五％、帶領藍領工人的主管。我反問團隊，如果營運經理能把這三件事做得很好，那麼我們能否忍受他拼字能力不佳。你猜到故事的結局了。我們雇用了那位拼錯字的人。他在一年內就讓獲利改善七個百分點——他立下戰績後，再也沒人抱怨他還是會拼錯字。

沒依據計分卡找人選，就像先射箭，然後才在箭落下的地方畫靶，還振振有詞地主張你的決定是有依據的。你必須在不知道應徵者先前的工作經歷的情況下，先定義想要的**結果**。如果你需要一名銷售副總裁，你要找的不是有 MBA 學歷或十年銷售經驗的人。你要找的人必須能夠增加營收。經驗和結果的差別就在這。「經驗」是應徵者過去做過的事；「結果」是如果你雇用這個人，他們會為你帶來的東西。我朋友保羅·英里遜（Paul English）創辦過好幾間成功企業，其中一間是 Kayak 旅遊公司。Kayak 希望顛覆旅遊業，所以保羅刻意避開有這一行經驗的人選，因為老鳥的經驗和保羅想見到的結果，沒有任何共通之處。

有了這個確切的目標後，就不會只因為應徵者先前沒做過相同的工作，就擔心雇到職責超出能力範圍的人選。事實上，缺乏傳統經驗反而比較好。再次套用聘雇專家阿德勒的話來講：

> 我認為最不明智的做法，就是雇用在相同產業、相同的工作類別，有過同類型經驗的人選。雖然這樣既方便又合乎邏輯，你會持續找不到理想的人才，畢竟願意做事千篇一律的人，只是在隨波逐流，不會是頂尖人才。⑥

依據計分卡來挑人，不是什麼新鮮概念，不過我喜歡同事葛拉罕·衛佛（Graham Weaver）制定的架構。第一件事是列出理想的結果。以招

聘銷售副總裁為例，那樣的計分卡可能長得像這樣（表 1-1）：

表 1-1：雇用計分卡 —— 結果

結果
兩年內讓營收從三千萬成長至五千萬
一年內讓客戶從二十家增加到七十家
從四個銷售團隊成長至七個
建立創意與當責文化

接下來，你需要回答「我如何能判斷？」這將成為你的雇用行動計畫，瞄準需要蒐集的資料（表 1-2）。

表 1-2：雇用計分卡 —— 結果

結果	我如何能判斷？
兩年內讓營收從三千萬成長至五千萬	達成銷售目標的記錄
一年內讓客戶從二十家增加到七十家	成功擴大規模的經驗
從四個銷售團隊成長至七個	過往雇用／訓練人才的記錄
建立創意與當責文化	曾經管理銷售團隊與達成銷售配額

不過，光是列出理想結果還不夠。完成計分卡的設計，將需要找出正確的**特質**，也就是為什麼人選有可能達成目標的理由（表 1-3）。這裡的特質，指的不是擅長使用 PowerPoint 或操作挖土機，而是一個人的美德、性格、特點。只要運用一個簡單的小技巧，就能列出一組正確的特質：找出在你的公司裡，成功擔任類似職務的同事，接著列出那些同事共通的特質。

表 1-3：雇用計分卡 —— 特質

特質	我如何能判斷？
情商	在面試時展現自我覺察的能力
謙遜	討論成功與失敗的經驗
持續學習	投資自己
想要獲勝	達成銷售配額與目標的記錄
領導能力強	吸引到一流人才

　　我把特質擺在技能前面的原因很簡單：特質一般是根深柢固的天性，技能則可以學。打造出史上最偉大的投資團隊的瑞・達利歐（Ray Dalio）表示：「判斷要雇用哪個人選時，價值觀與才能〔又名「特質」〕的比重，要高過技能〕。」

　　至於計分卡究竟要列多少項，沒有神奇數字，不過一般會避免列超過五個特質或結果。雖然通常清單愈長，我們愈安心，但實務上很難管理一次評估數十個特質與結果的流程。太多的時候，我們不免會離測試「必備」的特質愈來愈遠，脫離準確的聘用流程，又回到憑直覺決定的老路上。

▎團隊一起上

　　在古老的東方寓言，一群眼盲的村民遇上一隻奇怪的動物。每個人摸到不同的部位（見圖 1-4）。由於每個人接觸到不同的事實，各自得出不同的結論。摸到象鼻的人說，這隻動物好像一條蛇；摸到象腿的人則認為，這隻動物長得像一棵樹。

　　如果面試官各自面試，事後再聚在一起討論自己的發現，也會發生

圖 1-4：盲人摸象

同樣的情形。如同寓言裡的村民,由於面試官分別問了自己的問題集,聽到對應的回答,他們在分享自己觀察到的應徵者資訊時,其實是透過手上的數據集,各說各話。

此外,這種面試方式也會導致資歷較深,或是口才更好、說服力更強的面試官,有過重的發言權。舉例來說,面試官坎迪絲指出:「我覺得賴瑞提到部門的成就時,缺乏謙虛的態度。」然而,另一位面試官珊達的面試過程,帶來不同的數據集,她的結論和坎迪絲不一樣,但由於坎迪絲在公司更資深,珊達於是接受她的判斷。珊達被迫默認坎迪絲說得對,因為兩人從觸摸大象不同部位得出的觀點無法折中。

面試官團隊一起上陣的話,比較不會漏聽。一對一面試時,我們一部分的注意力會放在想下一題要問什麼,或是放在引導應徵者的回答方

向。我們能夠專心聆聽與觀察的程度，不免受到影響。面試官團隊一起上陣則不一樣。一位面試官在提問時，其他的面試官可以專心觀察應徵者，不受剛才提到的因素干擾。

話雖如此，如果沒安排好，集體面試將有如失控的記者會——每位面試官爭著追問應徵者——面試蒐集到的資訊品質會因此受限。同一時間，應徵者則疲於東答一點，西答一點，應付一連串不相關的提問。為了避免發生這種狀況，記得指定一名面試官擔任**主要的發言人**。由他代表團隊詢問大部分的問題。問完一個問題、進行到下一輪的提問前，主要發言人應該問其他的面試官，還有沒有想知道的事，讓每位面試官有機會解決心中的疑問。這樣一來，就不會有面試官感到有必要打斷流程，太早把發問帶到新方向。

此外，集體面試也能加快流程。與其問應徵者三次相同的問題，面試官如果能一起面試應徵者，大約能縮短一半的面試時間。在今日的市場裡，這將是網羅人才的利器。速度經常決定了企業能否搶到優秀的應徵者。

最後，你要明確讓面試官團隊知道，雖然每個人都有發言權，不一定每個人都有投票權。一開始就說清楚，公司將如何做出最終的決定，讓所有擔任面試官的同事都明白自己扮演的角色。他們的參與和影響力不代表裁決權。

┃工具 2：系統性面試三步驟

我在職業生涯的早期，最喜歡問一道面試題：**你關上冰箱門後，怎麼知道冰箱裡的燈是否也跟著暗下？** 當時我告訴自己，這個問題可以協助我評估應徵者多有創意。然而，我的發問並未帶來任何有用的數據。我如果雇用眼前的這個人，他能否達成我樂見的結果？我其實無法依據

這個冰箱題來評估。老實講，我問這種機智題，只不過是在賣弄罷了。除了沒帶來任何價值，更糟的是如果還真有應徵者提出巧妙的答案，我會印象深刻。就如同希特勒的握手一樣，我不免產生錯誤的好感。一段時間後，我學會拋棄所有的腦筋急轉彎面試題，改採用系統性的三個面試步驟。

步驟1：了解履歷

從小學時期開始，按照時間順序檢視應徵者的履歷。大部分的頂尖人才在人生早期就展現重要的特質，形式有可能是放學後的打工、課外活動或獎項。此外，這類資訊還能提供應徵者從小到大的生活背景。不是所有人的起跑點都一樣。如果得知應徵者在父母失業時，課後打工協助家計，你會因此看到他們的寶貴特質。同樣的，得知應徵者是耶魯大學第四代的傳承制入學者（legacy，譯注：美國入學制度的一種，如果雙親或手足是校友可以加分），從小在康乃狄克州的富人區格林威治（Greenwich）過著優渥的生活，那麼這位應徵者令人敬佩的程度，就不如晚上得打工賺學費、畢業於贈地大學（land grant college，譯注：美國各州可出售聯邦土地，籌措高等教育機構的財源，協助家境普通的學生上大學）的應徵者。

如果你所在的州法律允許，那就盡量取得應徵者過去的薪水或報酬資訊，回溯的時間愈長愈好。[7] 如果這個人持續加薪，證明他表現不錯。雖然薪資會有偏差，持續向上的模式是這個人對組織帶來貢獻的可靠指標。不過，也不要自行貿然假設。萬一薪資持平或減薪，那就請對方解釋，不然有可能錯過實情，例如求職者的孩子生病，需要特殊治療，因此換成薪資較低、但能就近照顧孩子的工作，或者是參加股權計畫的結果。

為了確認履歷是否有任何的時間空白，記得詢問每次換工作的月

份。如果潛在的人選不知道確切的月份，那就詢問從離職到下一份的工作開始的那段時間。如果求職者顧左右而言他，例如他可能回答：「我想休息，和家人共處。」那麼你需要刻意追問，例如：「那次想休息的動機是什麼？」答案有可能顯示他們是被迫離開，也或者是他們選擇在展開下一份工作前，先仔細思考自己的職涯。但如果你不問，就不會知道答案。

至於近期的工作，那就畫出組織圖，標出應徵者目前的職位。如果有的話，也標出他的前一個職位。取得他的上級與下級的姓名，作為後續資歷查核的依據。記下每一個人的姓名，詢問正確的寫法，接著詢問聯絡方式，明確告知你打算和這些人聊一聊，有時這稱為「資歷查核威脅」（threat of reference check，簡稱 TORC）。光是先提到會和他們的同事聊一聊，就能減少面試過程中的誇大、美化或過分吹噓。最優秀的應徵者——你希望上車的人選——會歡迎你和他們共事過的人談。記得向應徵者保證，你在聯絡任何人之前會先處理好保密議題。

畫組織圖的時候，一併記錄應徵者任職過或管理過的每個部門的營收或預算，這將是後續發問的依據，此外還能評估應徵者的責任範圍如何隨時間而增減。你在尋找的人才如果將管理一個部門或組建團隊，那就找出應徵者過去雇用過哪些人、他們接手誰的職位、他們換掉多少人與換人的原因。接下來，請他們替下屬評分。這部分的資訊將是後續面試的寶庫。你將有辦法接著問下面這些問題：「為什麼你讓這個人離開？應徵者的哪些特質讓你決定雇用他們？如果你給這個人打 C，為什麼還讓他待了十七個月？」

看履歷時先別急著下判斷，以免在後續的過程中，被這個看法定錨，陷入**確認偏誤**（confirmation bias），忙著找能支持你最初的結論的證據。

步驟2：縮小範圍往下挖

縮小範圍往下挖的第一步是請應徵者提供情境例子，作為未來表現的參考。此時要避免假設性情境或泛泛之談，例如「**你打算如何管理？**」（此時應徵者通常會盡量揣測你想聽到的答案）。專注於過去的實際行為，用相關資料來預測應徵者能否在未來做出成果。

我們來看一個典型的面試交談：

問：你能在先特克軟體公司表現傑出的原因是什麼？
答：我擅長激勵人們發揮最大的潛能。好的管理就是招募最優秀的人才，接著放手讓他們展現最極限的潛能。

許多面試官會停在這裡，然後就換下一題，尤其是如果應徵者講了無可挑剔的答案。然而這個回答什麼都沒告訴我們，只能看出應徵者事先預測過題目，也練習過答案。你要縮小範圍繼續挖下去。《*Who: The A Method for Hiring*》的作者史瑪特與史崔特（Smart and Street）設計出一套簡單的架構，可以引導深化與集中範圍的流程，他們稱之為：「What？How？請再多說一點」[8] 以下是運用這個架構的範例：

問：你剛才提到激勵人，有什麼樣的例子可以說明你激勵了某個人？你採取的行動如何提升了他們的潛能？（What）
答：去年我接手公司的顧客成功團隊。團隊對於排名低落感到氣餒，我們的流動率很高，但我解決了那個問題。
問：你具體是如何解決的？（How）
答：我設計出公司採行的新型分紅計畫。此外，我每星期舉辦成功會議，慶祝勝利與解決問題。
問：請再多說一點。成功了嗎？

答：我們的品質分數從負二十一分變成正三十七分。我們的部
　　門人員流動率也從七成降至幾乎為零。

注意到了嗎？這裡只問了三個一步步深入的問題，就得知了很多
事。此外，縮小範圍往下挖也能讓自吹自擂現形，例如：

問：請舉例你樂於競爭替公司帶來的好處。（What）
答：我努力達成每季的數字。我對於目標的追求，不會輸給任
　　何人。
問：你是怎麼做到的？（How）
答：三季之前，我們差點沒完成計畫目標，但我舉辦了數場競
　　賽。不用說，我們最後達標。
問：請再多說一點。你那一季舉辦了什麼和先前的季度不一樣
　　的競賽？
答：我們舉行標準的公司競賽。我們不被允許自由發揮，必須
　　符合公司設計的比賽。

縮小範圍往下挖後，我們得知這個自誇（「我對於目標的追求，不
會輸給任何人」），背後是執行標準的公司計畫。

史瑪特與史崔特還建議，依據「先前、計畫與同儕」（previous,
plan, and peers）三個標準來評估結果。在這個架構下，如果有人告訴
你，他們貢獻一百二十萬美元的營收，那就詢問**先前**兩年的營收，以及
一百二十萬和公司的**計畫**相比如何、跟**同儕**比起來又是如何。

請留意：在縮小範圍往下挖的過程中，如果應徵者回答的故事與你
的問題無關，面試有可能卡在原地。你需要禮貌地請他們就你的提問回
答。如果你不願意打斷應徵者，永遠努力回到你的提問，你將無法在合

理的時間範圍內，蒐集到足夠的資訊。舉例來說，你可以試著說：

> 我很興奮有機會認識你，也希望留時間讓你提問。如果我等一
> 下打斷你，那是為了我們兩個人好。

　　一旦你清楚這位應徵者能否端出成果，或是否具備你在尋找的特質，就可以前進到下一個主題。如果你想找的特質是擅長替公司尋找人才，而你在頭五分鐘就得知，這位應徵者遵守嚴謹的聘雇流程、曾讓流動率減半，而且他們找進公司的人後來大都升職了，那就把這部分省下的面試時間，用來詢問其他需要花更長時間評估的特質。如果已經清楚了，不要多耗時間。

步驟3：和團隊簡短討論

　　在面試大約剩二十分鐘時，告訴應徵者要暫停一下，你們的團隊將簡短討論是否還有沒問到的問題。此時不要詢問團隊成員是否「喜歡這位應徵者」，避免提及任何會達成結論的事。這個討論時間完全只是要在應徵者離開前，找出還需要進一步細問的地方。

　　手邊備好計分卡，詢問面試團隊的每一位成員，他們是否還有任何感興趣但未能判斷的領域，或是發現任何矛盾或關切的地方，需要蒐集更多的資料。舉例來說，如果有人擔心這位應徵者平日是否對待下屬過分嚴苛，你可以回到人員流動率的問題、詢問他們近期終止勞務關係的幾名員工，以及任何相關的績效考核經驗。

　　此外，一定要留時間給應徵者提問。面試是雙向的，應徵者也需要對你們做盡職調查。留意應徵者詢問了哪些問題，同樣也能多了解他們一點。你將得知他們在乎哪些事，以及他們有備而來的程度。

　　每次的面試結束後，面試團隊再次開會，檢視你們蒐集到的資料，

對照你們的計分卡。一定要在每輪面試結束後,立刻讓面試團隊討論每一位應徵者,否則面試的筆記會不完整,而且大家很快就會忘掉面試的內容。你們在討論面試發現時,要避免形成類似於贊不贊成雇用這個人的意見——**目前要決定的,就只有是否要進入聘雇流程的下一步,而不是決定你們要雇用誰**。這個心態能防止定錨在某個立場上,影響到你們的客觀程度。如果團隊成員說出類似「我真的很喜歡她」或「他是我最看好的人選」的話,那就重申目前只有要判斷是否有足夠的證據顯示,這個人選似乎具備我們要的特質,有可能做出成績,可以請他們回來再多問一點問題。這個階段是在蒐集資訊,沒有要做出定論。判斷是否讓某個應徵者進入下一輪時,要趁記憶猶新,寫下你希望在後面幾輪的面試挖掘的事。

▍進一步的面試

後續的面試架構也一樣,原則包括由一名面試官擔任主要提問人,其他的團隊成員則有機會在某些時間點提問;提問要緊跟著計分卡,縮小範圍往下挖;中場休息時,詢問面試團隊有沒有要進一步詢問的地方;給應徵者時間提問;最後面試團隊一起討論。

舉行進一步面試之前,面試團隊應該回顧前一輪面試的筆記,找出需要釐清的議題,決定你們將如何處理任何尚未解決的議題或關切的事項。在後面幾輪的面試裡,不要每位應徵者都問一樣的問題。如果有特別想知道的事,這是一個深入挖掘的機會。舉例來說,如果應徵者昭夫的情商,似乎高過另一位應徵者柯蒂斯,但你不確定是否真是如此,那麼在下一次的面試,你便需要多花一點時間,詢問能找出柯蒂斯情商的問題。

此外,雖然不一定要這麼做,可以考慮事先告知應徵者你會問的問

題。大部分的面試過分強調臨場發揮的能力，但那不是工作場合常用的技能。如果應徵者 A 腦筋轉得快，但應徵者 B 做事會詳加考慮，有辦法帶來更好的結果，那麼不要因為這樣而偏好 A。此外，如果是能預先準備的問題，你將能評估應徵者做了多少功課：有可能 A 針對你事先寄給他的提問，帶著筆記與工作成果樣本出席，B 則是當場才開始想答案。

在擬定要開什麼條件、說服應徵者加入你的公司時，一定要找出競爭對手開的條件。你可以考慮問這一類的問題：

> 如果你告訴目前的雇主你要離職，結果他們開出更高的薪水挽留你，你會怎麼做？
>
> 你目前確定一定會換工作，還是不一定，只是看看還有沒有更好的機會嗎？
>
> 你目前手上已經有哪些其他的 offer，或是還在等哪些公司回應呢？
>
> 我們這個職位和那些工作機會相比起來如何？
>
> 為什麼你會對這個職位感興趣？
>
> 世上沒有工作是十全十美的。如果你能改變這份工作的任何一部分，你希望會是什麼？

完成幾場面試後，請團隊回答一個簡單的問題：「如果這次不是補人，而是預先儲備人才，我還會雇用這個人嗎？還是我會再等等，見更多的應徵者？」接著請大家一起討論，發表意見。

如果你不確定自己的結論，那就決定是否要邀請應徵者再來一輪面試，或是考慮簡單打一通電話，釐清不確定的地方。不要只是因為你自己舉棋不定，就放棄某位應徵者。大部分的時候，無法拿主意的原因是因為還需要更多資料。

工具3：資歷查核技巧

幾年前，我的公司正在拓展到其他地區。在那段關鍵的時期，我需要一名資深高階主管。我和某位人選見面時，就叫他文森好了，才過二十分鐘，我就確定他非常適合這份工作。我和團隊在面試結束前的討論時間，考慮當場就雇用他。當時我已經在職涯中，聘請過十幾位資深管理者，對自己的直覺很有信心。雖然我認識文森前公司的總裁，我認為沒有任何需要做資歷查核的理由。我希望立刻敲定這件事，以免文森被其他公司搶走。說到這，想必各位已經猜到故事的結局。文森最終不是合適的人選。他缺少我的計分表上的好幾項特質。他以前擔任過的職位，也未展現他有能力做到我找人想看的關鍵結果。這個故事最難啟齒的部分，就是後來我遇到那位總裁朋友，我告訴他發生的事，他說：「你為什麼不打電話？我原本可以告訴你不要雇用文森的。」

不做資歷查核，就無法做出好的聘雇決定。面試流程能做到的精確程度有限，資歷查核又通常是最豐富的資料來源。沒有誰會比直接見過當事人工作情形的人，更適合判斷他是否符合你的評分卡敘述。

不過，常見的錯誤是一直到了流程的尾聲，也就是在錄取的前一刻，才做資歷查核。到了那個階段，你很容易再次被確認偏誤牽著鼻子走。史丹佛研究顯示，最容易出現確認偏誤的三種情境，包括弄錯的後果代價高昂、決策者已經為這個決定投入大量的心血，以及這件事牽動情緒，而在累人的面試流程尾聲同時存在這三種情形。也就是說，你很容易聽見你想聽的話。套用《用腦雇人》這本書的話來說：

> 你想聽到什麼答案，資歷查核就會給你什麼答案。如果沒抱持
> 開放的心態，不願意改變看法，就連聯絡資歷查核對象，也是
> 在浪費時間。[9]

此外，我們之所以一般會聽到想聽的答案，原因出在「**觀察者期望效應**」（observer-expectancy effect）。這種認知偏誤是指我們會無意間操縱問題，以達到想要的結果。舉例來說，你可能會問：

> 我們打算聘請夏洛特擔任副營運長。我們認為她很優秀，但我想確認您不知情任何我們不會想雇用她的理由。是否有我們需要知道的重大警訊？

以這種方式發問，是在盡量確保會聽到想聽的結果。也就是說，我聽到的答案不會攪亂我雇用夏洛特的計畫。此時我沒在蒐集資料，我是在希望對方確認我的看法。這種事讓我想起諾貝爾文學獎得主、作家約翰・史坦貝克（John Steinbeck）講過的一句話：「沒人想聽建議，附和就行了。」

預防觀察者期望效應的最佳辦法，就是尚在幾個人選中猶豫時，就先完成資歷查核。如果你很難決定要雇用誰，你更容易聽到批判性的回饋，因為此時的目標是刪去人選，而不是確認某個人選可行。此時你不會問客套話，而會尋找資料，協助你做出要**排除誰**的決定。

由於大部分的人不會想害別人找不到新工作，你需要提供能客觀分析查核對象的最佳環境。為了方便你詢問的人就事論事，不要把對話定位成找出應徵者是否能幹，當然也不要問這個人好不好，而要定位成替當事人找出職涯最理想的下一步：

> 我們十分看好景好。我希望探索合適的人選。景好絕對可以交出超群的成績，但如果我們引導她接受錯誤的新工作，對雙方來講都不是好事。接下來的對話都是保密的，我能請教您幾個問題嗎？

接下來，你要和面試過程一樣謹慎探索——運用「**縮小範圍往下挖**」、「**What？How？請再多說一點**」、「**先前、計畫與同儕**」等技巧。雖然你在做資歷查核時，講話會更客氣，但就和面試應徵者一樣，不要只是照章行事，問一些假設性的空泛問題，否則你得到的回答其實用性，不會多過應徵者的自述。

善待應徵者

在今日的世界，網上的資訊一下子就一傳十、十傳百，也因此更是要用和善與專業的態度對待所有的應徵者——就連沒錄取的應徵者也要尊重。我最近聽到一個故事，有大學畢業生進入面試的最後一輪，結果主管遲到二十分鐘，還在應徵者回答問題時偷瞄電子郵件。隔天，那名畢業生就把這次的面試經驗，放在企業評論網站 Glassdoor 上，提醒其他的應徵者。我的朋友英里遜因此吩咐團隊：

> 永遠不要遲到，連兩分鐘都不行。永遠不要讓別的事中途插進來，就算是美國總統打電話來你也不要接。讓應徵者感到你出現就是專程與他們見面，他們是你的清單上最重要的人。

英里遜認為，理想的找人過程需要面面俱到：

> 問來的人要不要喝點汽水或飲料。永遠不要讓應徵者坐在沙發上空等。如果看到有人孤單地坐在那（看起來無聊了），那就跟他們說哈囉，閒聊幾句，振奮他們的精神。超級優秀的應徵者有可能因此選我們的公司，而且**所有的**應徵者在提到我們公司時會有好印象。

最後再補充一點……

經驗豐富的即戰力，以及經驗沒那麼豐富、但具備理想**特質**的潛力股，兩種人選通常得做取捨。威佛介紹我用一種簡單的架構來拿捏分寸（圖 1-5）：

視實際情況而定，兩條線有可能在幾個月內交叉，也或者是幾年。威佛想強調的是沒有單一的正確答案。我們在評估該如何取捨時，要從抽象的概念走向明確的時間範圍。畫線時，盡量預測兩條線何時會相交。你不會因此得到完美的預測，但效果會遠勝在腦中憑空猜測。有了大致的推測後，就更可能依據自己的特定情況，做出更好的決定。

本章重點摘要：找人是為了看到結果

一、依據資料來決定人選，不憑直覺、本能、好感度或感覺。

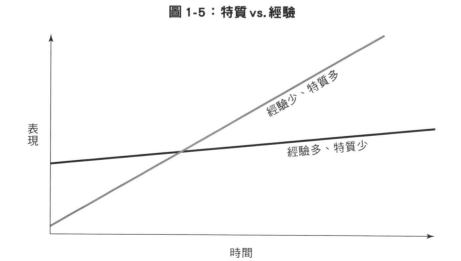

圖 1-5：特質 vs. 經驗

二、依據計分表來尋找人選。列出想要的**結果**與必備的**特質**，接著制定策略，找出「**我如何能判斷？**」

三、尋覓人才是一種團隊運動。

四、建立流程：

　　a. 一起面試，建立單一的資料集。

　　b. 為了維持流程的秩序，指定一名「主要」的提問人。

　　c. 在應徵者離開前，面試團隊討論是否還有需要釐清的地方。

　　d. 每次面試結束後立刻開會，討論時聚焦於資料，而不是大家喜不喜歡這位應徵者。

五、了解履歷：

　　a. 依據時間順序檢視，了解應徵者的職涯走向。

　　b. 詢問過去的成就，從人生早期說起。

　　c. 詢問每份工作開始與結束的月份。

　　d. 如果有空窗期，了解背後的原因。

　　e. 討論每次換工作的理由。

　　f. 如果可能，記錄每份工作的起始薪資與最終薪資。

　　g. 記錄應徵者在每一個責任領域有多少預算、營收與員工數目。

六、面試時運用「縮小範圍往下挖」的技巧：

　　a. 詢問應徵者：What ？ How ？請再多說一點。

　　b. 從「先前、計畫與同儕」三方面對照成績。

　　c. 記住：「過往的表現是未來績效的最佳單一指標」。

七、考慮在面試前事先提供題目，讓應徵者想好答案，預作準備。

八、資歷查核：

　　a.針對最近期的兩個職務畫出組織圖，標示姓名與聯絡資訊。

　　b.尚在幾名應徵者中挑選時，就先做資歷查核。資歷查核的用途不是確認你的選擇。

九、務必尊重每一位應徵者。

┃工具4：十個初步的面試問題

一、我看得出來你是努力爭取第一的人。能否給我一個例子，解釋你運用這點替公司帶來任何好處？

二、能否給我一個例子是你被批評某件事，而那個批評有根據？

三、有沒有你被不公正地批評的例子？

四、能否給我一個例子是（你某部分的性格）不利於工作？

五、描述你某次未能達成目標的情形。

六、你提到你招人會看（某項特質）。能否明確告訴我，找出應徵者是否具備相關的特質時，你會問他們哪些問題？

七、過去兩年，你直接參與雇用多少人？到了今天，你認為其中有多少人屬於最頂尖的 A 級員工？

八、請舉例說明你犯過的用人錯誤。那次學到什麼？你因此改變了聘雇流程中的哪件事？

九、假設你正在替自己做績效評估，你仔細給出可行動的明確建議。在未來一年，你會遇上的最重要的兩個發展挑戰是什麼？

十、你有問題要問我嗎？

▍工具 5：十個事先提供應徵者的面試問題 *

* 讓應徵者慎重思考與準備的問題。

一、過去一年，你做的哪件事最讓你自豪？

二、如果有辦法，你想改變目前的職位的哪件事？

三、描述你在某段時間全心投入工作。

四、我們希望在接下來一年完成（目標）。請告訴我你在這方面最相關的成就。

五、請告訴我某件關於你的事。履歷上沒有、但你想讓我進一步了解你的事情。

六、描述某次你不同意公事上的決定。

七、請帶一份你特別自豪、完成日期為過去六個月內的範本（簡報、寫作樣本）過來。記得刪去所有的機密資訊。

八、描述一個你碰過、這輩子再也不想重來一遍的專業情境。

九、你目前的公司怎麼做才能更成功？

十、你目前為止最喜歡的上司是誰？為什麼你會選他？

▍工具 6：做資歷查核時的十個問題

一、您在貴組織扮演什麼角色？你如何與這位應徵者互動？

二、（應徵者）在同儕中排名第幾？

三、應徵者做了哪些和同儕不同的事，所以有那個排名？能否提供那方面的例子？

四、假設您現正在做（應徵者）的年度評估。他最重要的兩個發展機會是什麼？

五、您能否舉例這些發展機會如何影響他的表現？

六、應徵者在哪種類型的工作環境，能拿出最好的表現？舉例來說，我在（個人例子）有最好的表現。

七、貴公司如何評估（應徵者）的表現？他達成多少目標／預算？

八、（回答問題 2 與 7 後）這位應徵者為什麼一直能名列前茅？您能舉例嗎？

九、相較於前一年，這位應徵者去年的績效如何？

十、他做了哪些事，所以能達成相較於前一年的（公司績效）？

第 2 章

入職一百天

最偉大的領袖不一定會做最偉大的事，但他會帶領大家做到。

—— 雷根總統（Ronald Reagan）

　　有近十年的時間，奧古斯都‧阿維瑞茲（Augusto Álvarez）管理著墨西哥的一間金融服務公司。他和合夥人近日找來經驗極為豐富的海克特‧歐查（Héctor Ochoa）[①]，希望歐查能加快公司在全國各地拓展事業的腳步。找到歐查讓兩位合夥人鬆了一口氣，先前尋尋覓覓好幾個月，現在終於塵埃落定。他們在歐查進公司的第一天，就把所有的責任一口氣全移交給他。「我們可不想對歐查指手畫腳。」阿維瑞茲當時的想法是：「他是專家。」

　　問題是所有的營運責任，在第一天就被丟給歐查，但歐查幾乎對新公司的文化一無所知。他不曉得不成文的規定是怎麼樣，也不清楚公司的事業平日如何運轉。由於阿維瑞茲堅持絕不插手，導致歐查註定失敗。即便歐查的資歷無懈可擊，不到六個月阿維瑞茲就只好請他離開。

　　入職後提供明確的指引與支持，重要性不亞於面試或資歷查核。

《哈佛商業評論》指出，四〇％至六〇％的新進員工在十八個月內鎩羽而歸②，主要原因是入職後適應不良。今日我們知道相較於放牛吃草，員工入職後如果獲得循序漸進的輔導，三年後還在公司的可能性，多了近三分之二。③想一想找新員工需要耗費的種種力氣，就能明白恰當的入職流程，將是報酬率最高的時間投資。

▍到職的前一百天

不論工作內容是製作墨西哥捲餅、焊接管線或管理軟體開發團隊，對任何剛入職的員工來講，新工作的前一百天充滿著不確定與不適應。每個組織自有一套標準、規範與期待，新進的團隊成員需要時間才能吸收與學習。

一百天過後，大部分的不確定性已經消失。新員工養成固定的流程，摸熟工作內容，開始出現慣性。④他們知道筆電壞了要找誰修、車子最好停在哪、回家的路上哪裡有雜貨店，也弄懂新的健康保險計畫提供哪些保障。

頭一百天也是友誼萌芽的階段。多數人進公司時，一個人也不認識，這會讓人忐忑不安，尤其是考慮到我們許多基本的社交需求，其實是在工作上滿足的。耶魯大學管理學院（Yale School of Management）研究顯示，擁有深厚工作友誼的團隊成員，較為健康快樂，工作也明顯更投入。⑤相較於前輩，Z 世代與千禧世代擁有更高比例的職場友誼，但疫情後的遠距工作模式削弱了這樣的連結。⑥

以上的一切很重要的原因，在於令人安心的日常流程、友誼與工作場所熟悉度，正是人們會繼續做一份工作的主要原因。《華爾街日報》（Wall Street Journal）指出，做好前一百天入職流程的公司，流動率下降超過三五％。⑦

關鍵一百天的策略

　　當然，你會和阿維瑞茲一樣，焦急等著新人拿出好表現。在此同時，新人一般也會急於表現，也由於新人擔心從進公司的第一天起，就該什麼都知道，他們會不願意找人協助——尤其是在交朋友、學習職場常規、接受專業領域訓練等方面。即便如此，不要心急。新人還沒進來之前，你的公司不也撐過了幾星期，甚至是幾個月——況且能否讓新人順利融入，你只有一次機會。

　　全美各地的企業，已經意識到入職的頭一百天很關鍵。員工數五‧八萬的開利公司（Carrier Corporation）為了讓新人上手，推出為期三個月的「夥伴計畫」（buddy program），讓每一位新人和一位經驗豐富的團隊成員配對。CVS 健康（CVS Health）也重視這個一百天，待滿三個月的新人有獎金。公司的邏輯是如果能讓新人撐過前一百天的焦慮，他們長期留下的機率會提高很多。墨西哥連鎖餐廳奇波雷（Chipotle）的人資長梅莉莎‧安卓達（Marissa Andrada）告訴《華爾街日報》：「如果有人能做三個月，他們實際上至少會待一年。」[8] 奇波雷餐廳因此執行新的輪班時間表，更加詳細地讓員工了解福利內容，改善營運流程的前期訓練，流動率就此大幅下降。

　　你要做的第一件是，就是熱烈歡迎新人加入你的組織。把迎新當成大事，而不是待辦清單上等著被劃掉的事項。我的朋友艾美‧艾略特（Amy Errett）是 Madison Reed 的執行長。艾美告訴我，她會在星期三全公司一起吃午餐時，介紹新進的團隊成員。由於這間美髮公司的營收，在過去三年成長為三倍，留住好員工對未來的成長來說絕對必要。Madison Reed 規模龐大，午餐因此以遠距方式進行，新人的背景會放上氣球，所有人就知道誰是當週剛加入。新人的上司會提供有趣的個人介紹（不會乾巴巴地唸一遍新人的履歷），接著請新人說出關於自己的「兩

個實話與一個謊言」。全公司投票哪一個是謊言後，新員工宣布正確答案。完成這個遊戲後，每一位老員工在第一個星期，就會知道新人的名字，也知道關於他們個人的一些事。當在員工餐廳見到新人時，就知道不能讓他們孤單吃飯。

艾美沒祈禱每位主管會神奇地自然做對。她積極培養「我們以這種方式迎新」的文化，在 Madison Reed 建立系統，把流程制度化。公司因此得以每年熱烈歡迎數百位新同事。

不過，歡迎儀式只是開頭。你還需要安排新人與其他的團隊成員共進午餐，有可能連晚餐也需要。如果可以的話，也加上外部的客戶與供應商。由於這些關係是在入職一百天的階段培養，不必全硬塞在新人進公司的第一個星期，只要在三、四週內完成即可。

如同阿維瑞茲與歐查的例子，聘請新主管時，別犯了一下子把員工全扔給他們帶的錯誤。在新主管開始承擔任何的營運責任之前，先給他們大約一星期時間，在組織裡晃一晃，認識其他部門的人，拜訪自己的職能領域以外的客戶與廠商。舉例來說，新任的財務總監可以利用這段期間拜訪客戶，了解倉儲運作情形，觀察公司產品的製造方式。交接營業責任時，要一點一點慢慢來，一次移交一名直屬下屬，中間最好能間隔一、兩個星期。

此外，所有的入職訓練計畫都是必修，而不是選修。你要釋放訓練與迎新是頭等大事的訊號，不能取消，也不能延期。公司的文化、價值觀與規範，要包含這樣的入職訓練——努力以各種方式解釋：**這是我們會採取的行動、我們這樣完成事情**。你在解釋文化、價值觀與規範時，不能陳腔濫調，不要提供空泛的說明，例如：「我們擁有完全透明的文化」或「我們以顧客為先！」新人想知道實際的東西，例如大家下班後去哪裡社交？會議都是如何進行？主管**真正的**性格是什麼。不要讓新人猜來猜去，還得想辦法聽懂弦外之音；直接告訴他們就對了。

明確提供支援

你開始把營運責任交給新成員時，前三個星期要定期做一對一會議。見面時向新人確認，公司的確舉辦了行程表上的入職活動，沒取消訓練課程與中午聚餐。

把工作移交給新人時，要說明你的期待，利用第十二章「委派工作」討論的**子技能**，列出你想見到的結果。舉個例子來講，假設我們雇用瑞秋為新任的財務總監，我們最初替第一季列出的結果清單如下：

- 找人替換應付帳款經理。
- 提出新的健康保險方案。
- 把逾期應收帳款減少一半。
- 在每月十日結算財務。
- 替新車採購協商租約。
- 落實全公司的採購政策。
- 自動化員工的支出報帳流程。

這張清單太長，瑞秋絕對做不完。你有責任制止自己包山包海的期待。先從學習工作的基本內容就好，或是有時效性的事，例如以「找人替換應付帳款經理」這一項來講，我們已經在前一章得知，找到合適人選是很耗時的事，而且不管怎麼說，在瑞秋開始面試新人之前，你總得先告訴她，公司的聘雇流程是什麼。那項工作因此可以等。接下來，有誰在乎再多留著過時的支出報帳流程一兩個月？那一項也能等。另一方面，健康保險方案要續約了，一定得做決定。還有，如果瑞秋等太久，永遠收不回逾期的應收帳款。

- ~~換掉應付帳款經理。~~
- 規畫新的健康保險方案。
- 把逾期應收帳款減少一半。
- 在每月十日結算財務。
- ~~替新車採購協商租約。~~
- ~~落實全公司的採購政策。~~
- ~~自動化員工的支出報帳流程。~~

做這樣的取捨沒有想像中難，反正**加永遠比減容易**。萬一你過度保守，給的工作太少，永遠能再多分配一點。然而，如果你已經把任務交給瑞秋，她也著手了，朝令夕改將會非常麻煩。工作量給得輕不會有問題，什麼都得做的工作清單則只會把人壓垮，然後你就會損失辛辛苦苦才找到的人才。

▌工具7：建立觀察新人的流程

不論你把雇用人才這項子技能，應用到有多出神入化，聘雇流程本身是不完美的，有時還是會雇錯人，畢竟在工作環境中實際觀察一個人，跟面試時的模擬場景是不一樣的。你在新人入職頭兩個星期得知的事，超過所有的聘雇流程相加起來的總和。

觀察流程（vigilance process）因此很關鍵。如果優秀人才在開頭跌跌撞撞，你得在一百天內解決這件事，留住他們的機率才會最大。此時你會碰上的逆風是人類難以克服的**確認偏誤**，這種認知偏誤會影響你做出好決定的可能性。沒人想承認自己看走眼，尤其是如果還得開除，重啟找人的流程。以下這些讓下定決心要客觀而顯得沒用，解決辦法是「制定刻意觀察新人的流程」。

　　第一步是新人答應來上班後，寫下你決定雇用他們的關鍵假設。他們具備哪些條件，所以你看好他們？你認為他們有哪些不足之處，或是值得留意的地方？寫下簡短的陳述句就好，附上支持這個說法的證據，以及你徵人時的計分卡。在入職的頭一百天，尋找符合或推翻這些關鍵假設的任何資訊。舉例來說，如果你在面試流程中，曾經擔心他們會嚴厲對待下屬，那就悄悄向底下的員工確認這件事，留意他們談起新上司時的非口頭線索。

　　接下來，和最初的招募團隊（不包括新人的直屬下級），一起設定明確的三十天與一百天尾聲的檢核點。檢核點是觀察流程的核心。非正式的對話無法取代流程。在三十天與一百天的檢核點，大聲讀出雇用計分卡與你做出錄取決定時寫下的關鍵假設。每一位出席的團隊成員都必須準備好評語。你將詢問他們是否認為新進人員在多少程度上、以什麼樣的方式符合或超越那些假設，或是未達標。接下來，詢問如果有辦法的話，他們希望改變這個人的哪件事。沒人是完美的。不要讓任何的團隊成員迴避這個問題。最後讓團隊投票：如果新人辭職，他們會鬆一口氣、沒感覺或大受打擊。

　　你會很想速戰速決問完這些問題，但別急。如果你雇用的標準是看到結果，你請對人的機率很高。然而，沒人的雇用勝率會是百分之百，失誤一次情有可原。然而，如果都過了好幾個月，你才意識到問題，承認這次的人選不理想，那就屬於領導不力了。

　　當你意識到雇錯人，有可能不願意立刻採取行動，一直想再給一次機會。**要注意的是，如果實在不適任，這樣做不是在幫對方。他們有權待在能發光發熱的公司與職務上**。此外，你快速接受雇錯人，也會讓當事人更容易找下一份工作：他們會把頭幾個星期當成試用期，甚至不會把你的公司列在日後的履歷表上。此外，自私點來講，快刀斬亂麻後，也能快點聯絡尋人過程中的第二順位或第三順位，說不定還來得及。

最後再補充一點⋯⋯

　　管理者在執行協助新人入職的這項**子技能**時，我最常看到的錯誤，就是讓新的團隊成員自行想辦法適應公司的步調，完成入職的流程。較不熟練的管理者會無視於這一百天，把責任丟給新人，等新人自行承認無力負荷，詢問能否慢下步調。然而，這種做法很少會行得通。如果由新人的同事或主管主持的訓練課程被取消，卻期待新人主動通報是不切實際的。那些被仔細排進行程的午餐聚會也一樣。如果你一下子給新人太多東西，他們會不好意思提出這樣是否不好的意見，或是很晚才舉手投降。

　　如果要完整利用頭一百天的力量，當初徵人的主管就必須負起責任，強力監督與執行計畫。雖然這需要額外花時間，但從各種角度來看好處多多，例如新人將能順利融入、降低員工流動率，或是更快地發現找錯人。

本章重點摘要：一百天期間

一、舉行盛大的歡迎儀式，別當成等著劃掉的待辦清單項目。

二、把流程制度化，統一組織旗下所有部門的做法。

三、與新人能否成功的關鍵人員，安排好社交／聚餐行事曆。

四、解釋公司的政策與流程、福利，以及其他相關的行政做法。

五、解釋你的組織文化、價值觀與規範中的關鍵元素。

六、如果是新進主管，移交直屬部屬與部門責任時，要採取逐步的方式，不要一次到位。

七、找時間帶新人到處逛一逛，觀察其他部門，認識大家。

八、**加比減容易。**以保守的原則分配新人的工作。

九、直接向新人確認訓練課程未被取消或延期。

十、留心觀察：設定明確的一百天期間的中途與尾聲檢核點，確認你的
　　雇用決定沒問題。

　　a. 再次召集原本的徵人團隊（不包括新成員的任何直屬下屬）。

　　b. 大聲唸出雇用計分卡與關鍵的雇用假設。

　　c. 問三個問題：

　　　　• 人選是否符合或超出聘用假設？

　　　　• 如果有可能，你想改變這個人的哪一點？

　　　　• 如果這名員工辭職，你會鬆一口氣、沒感覺或大受打擊？

第3章

立即績效回饋

我絕對相信人必須接受指導，要不然永遠無法發揮完整的潛能。

——鮑伯·納德利（Bob Nardelli），

前家得寶（Home Depot）與克萊斯勒（Chrysler）執行長

史蒂夫·鮑默（Steve Ballmer）擔任微軟（Microsoft）執行長時，執行名為「分級評鑑」（stack ranking）的員工考績制度。每一年，每個事業單位都會替員工評分，從第一名排到最後一名。分級評鑑被視為對微軟造成最大傷害的流程。[1] 有開發人員表示：「如果你的團隊有十個人，你在加入的第一天就知道，不論每個人有多優秀，最後一定是兩個人得優，七個人拿到中等評價，還有一個人會被評為劣等。」奇異（General Electric, GE）也執行過類似的「考績決定去留」（rank and yank）制度，墊底的一〇％員工要自行離職或面臨解僱。

《哈佛商業評論》指出，微軟與奇異施行的這種有兩千年歷史（編按：此為誇飾法）的回饋法，「既無法促進員工的向心力，也不會提高績效」。[2] 企業領導者還以為，採取這類過度僵化的做法，就能稱為盡到

輔導之責，但實際上沒提供多少實用的回饋。員工本人也有相同的感受。調查顯示僅一四％的員工，強烈同意績效評估能協助他們改善。

　　典型的績效評估沒用的原因，在於我們不擅長用死板的尺度彼此評量。很難用一個數字或一個標籤（例如：「符合期待」），就捕捉到某個人全部的工作面向。此外，一年只評鑑一、兩次的做法，也會受**近因偏誤**（recency bias）影響：我們會認為近期發生過的事，再度發生的機率較高。如果卡洛琳與傑森在一年中的傑出程度差不多，但傑森恰巧在績效評估的前夕，打了該年度最漂亮的一仗，而卡洛琳雖然也多次有好表現，但發生在這一年稍早的時間。在大部分的時候，即便卡洛琳超級傑出，在人們眼中，傑森的表現勝過卡洛琳──如果公司又採取微軟或奇異從前的制度，後果有可能很嚴重。

　　幸好，這種一年評估一、兩次的過時做法，正在快速轉變。埃森哲（Accenture）等機構正在走向「立即績效回饋」（instant performance feedback，簡稱 IPF）。在本書寫作的當下，這間顧問公司旗下的員工數超過七十萬人。南佩德（Pierre Nanterme）自二〇一一年起，一直到二〇一九年去世前，擔任埃森哲的執行長。他解釋：「我們不再採取著名的年度績效評估，也就是在一年一度的時間，和各位分享我對於你的想法。」南佩德接著指出：「人們想要隨時了解自己的表現如何。『我做對了嗎？我正在朝正確的方向前進嗎？你認為我有進步嗎？』」[3] 員工也同意這樣的看法。選擇立即績效回饋的員工，是選一年或半年一次的五倍多。[4] 另外的例子是 Adobe 廢除旗下兩萬多名員工的年度評估流程時，同樣有數百位員工發文支持廢除舊制度，換成立即績效回饋。

立即績效回饋勝過年度評估

　　第一章「找人是為了看到結果」介紹過的保羅·英里遜告訴我一個

故事。保羅在公司賣給 Intuit 後，改替 Intuit 工作，在這間推出過 TurboTax 和 QuickBooks 等熱門產品的公司，擔任技術副總裁。保羅當時尚未創辦 Kayak，而如同許多早期的領導者，保羅覺得給負面或直率的反饋很彆扭，直到他以第一手的經驗，體會到立即績效回饋的好處。

> 我和〔甲骨文（Oracle）的執行長〕艾里森（Larry Ellison）開會，他有興趣買下 Intuit 旗下的事業，不過那次的見面結果不如預期。我們走過甲骨文的停車場時，我的上司說：「保羅，能聽我講個一分鐘嗎？我想給你一些回饋。」他接著在停車場向我解釋，我在回答艾里森的某個問題時，不是很有效，接著描述原因。

保羅在那一刻知道，最優秀的管理者是如何隨時隨地尋找指導的時刻。如果上司後來才跟他提這件事，就算只是隔個幾天，保羅大概已經記不清那麼多會議細節了，上司的建議會大打折扣；此外，上司那邊也一樣，大概已經不記得能幫上保羅的細節。保羅等高效管理者學會，不論是正面或負面的回饋，盡量在事情發生的當下就講出來會最有效。不要把你想說的話，留給半年一次的制式化評估。值得給的回饋，值得立刻就給。

┃工具 8：徹底坦率

安迪・杜恩（Andy Dunn）是服飾公司 Bonobos 的共同創辦人，日後以超過三億美元的價格把公司賣給沃爾瑪（Walmart）。有一次，安迪擔任我課上的嘉賓，我們晚上吃飯時討論如何提供有效的回饋。安迪掏出手機說：「給你看個東西。」螢幕上是《徹底坦率》（*Radical Candor*）

的作者史考特在書中附上的圖（見圖 3-1）。⑤

　　在史考特的架構中，橫軸是某個人有多願意直接提出異議，縱軸則是他們的個人關懷能力。史考特觀察到，多數人會不願意持續提供高品質的輔導，因為誤以為需要委婉才叫和善，或是假裝天下太平——史考特稱之為「濫情同理」（Ruinous Empathy）。濫情同理會導致我們不敢說重話，在回饋時提無關痛癢的事。雖然這樣感覺上不傷感情，我們會比較心安，但實際上對團隊沒好處。

　　史考特認為，帶來高品質回饋的兩條原則是「個人關懷」與「直接挑戰」，做對時，回饋將高度有效。徹底坦率違反直覺，我們不想要傷害別人，希望別人喜歡我們。然而，委婉的回饋反而永遠不是在對人好——而且對領袖來講，討人喜歡是糟糕的目標。如同史考特所言：「濫情同理是看見有人拉鍊沒拉，但為了不讓對方尷尬，什麼都不說，結果又有十五個人看見他拉鍊沒拉。」⑥

圖 3-1：徹底坦率

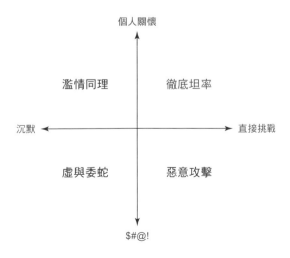

濫情同理會讓當事人更沒機會改善，再加上人類擅長察覺口不對心，濫情同理會讓人疑惑真正的狀況。我和安迪承認在職涯的早期，我們都出現常見的濫情同理：我們會端出「回饋三明治」（feedback sandwich）⑦，意思是先無端讚美對方，才開始講真正想講的話，提供重要的回饋。最後一步是完成三明治，安慰一番，說事情也沒那麼糟，減少回饋的衝擊力道。以剛才保羅的故事為例，如果他從主管那拿到回饋三明治，嚐起來會像這樣：

> 保羅，剛才那場甲骨文的會議很不錯。我喜歡你的風格。不過，你在回答的時候，最好試著永遠盡量有話直說。你其實多數時候都做到了。有你在我們的團隊，真是太好了！

在組織上下執行徹底坦率的最佳辦法，就是由你率先請大家對你有話直說幾個月；換句話說，你請團隊給你回饋。史考特寫道：「在你開始對別人徹底坦率之前，先證明你自己能接受徹底坦率。」你要讓那些時刻頻繁與平靜地發生。當你不免聽到別人給出濫情同理型的回饋，或是給你回饋三明治，那就請他們用徹底坦率的方式再講一次，或是親自示範給他們看。

等這麼做深植於公司文化後，接下來是對你的下屬，先只推行正面的徹底坦率。你在徹底坦率的時候，要明確點出你在徹底坦率，讓同事認出你在做什麼：

> 阿宏，我要提供一些徹底坦率的建議。你剛交上來的報告，完全就是我們要的那種。我尤其喜歡你坦白說出我們銷售部門面臨的挑戰，特別是你提到……

　　一旦你證明你本人能接受徹底坦率，示範接受批判性回饋的最佳方法，接著又以正面回饋的形式徹底坦率，再來是轉換到混合型的徹底坦率：有正面的，也有批評。此時也一樣，永遠要說出你在徹底坦率，好讓同事知道這是怎麼一回事：

> 安雅，我要以徹底坦率的方式提供你一些回饋。你持續每次開
> 會都遲到，這會是問題，因為……

　　在頭三個月，目標是正面回饋的次數，要是負面回饋的兩倍，但永遠不要和回饋三明治搞混。以混合方式執行立即績效回饋與徹底坦率後，你絕對能順利轉換成有意義的回饋。

▍工具 9：立即績效回饋（IPF）架構

　　我第一次當執行長的時候，財務總監會在月底又過了六十天以上，才給我每個月的財務數字，但我拿到遲交的報告時，要不就什麼都沒說，要不就是把這麼遲才能拿到的關切，藏在回饋三明治裡。在後續的每一個月，那位財務總監總是無法符合我的期待，我又會再次給她回饋三明治，事情永遠沒改善，最後只能請她離開公司。我的做法對她和公司來講是兩敗俱傷。我後來成為較成熟的管理者，設計出有六個環節的架構，確保自己規律提供有效的立即績效回饋（圖 3-2）：

圖 3-2：回饋架構

期待 → 評估標準 → 回饋 →
障礙 → 支持 → 齊心協力

如果我當初把這個架構用在財務總監身上，而不是提供濫情同理、最後導致她失去工作，我會告訴她：

> 我需要你把財務數字即時交給團隊，我們才能運用那個資訊做出營運決策（**期待**）。如果沒有特殊情況，隔月的十五號就要交給我（**評估標準**）。在過去兩個月，我們在月底過後，又過了五十五天與四十七天才結算（**回饋**）。你目前碰上哪些問題，因此無法在十五號之前就交出財報？（**障礙**）

在這個假想的情況下，財務總監說出銷售副總裁都會遲交資料（**障礙**）。我得知這個資訊後告訴她：

> 我會跟雷談一談。確保我們能在每個月的五號前，就給你銷售佣金的資料。那部分是我的責任（**支持**）。

財務總監可能還提到，她需要等收到所有廠商的發票，才有辦法結算。如果是這樣，我會告訴她：

> 廠商發票的部分，如果過了每個月的十號，還是拿不到，我可以接受你放進隔月的財報（**支持**）。

找出情有可原的障礙，提出解決的辦法後，就能執行最後一個步驟：齊心協力。「**認同**」（agreement）與「**齊心協力**」（alignment）有著重大差異。高效領導者雖然應該認真聆聽，但做決定時不需要達成共識。決定是一定要做的，而有時團隊裡會有成員不滿最後的決定。舉例來說，如果財務總監的立場是要等，等她收齊所有廠商的發票，才要出

財報，我會告訴她：

> 我明白你的立場，也了解你的觀點，但我決定我們要走不一樣
> 的路。現在我需要知道，你答應走這條路（**齊心協力**）。

　　提供回饋時，想辦法從對方的最佳利益出發，例如他們的行為出現某種轉變後，將更可能升遷，或是賣出更多產品、賺到更高的佣金；也或者是他們管理的員工流動率會下降，進而改善他們負責的區域的表現等等。當事人愈感到對自己有利，就愈可能改變。

▌最後再補充一點……

　　羅姆尼（Mitt Romney）在競選美國總統、日後成為參議員之前，曾帶領私募股權公司貝恩資本（Bain Capital）走過最輝煌的歲月，每年替投資人帶來超過一○○％的報酬率。[8] 我管理的公司有幸得到他的投資，也請到他擔任董事。我記得在一場對話中，他談到貝恩的基本策略宗旨：**把時間花在最有希望的投資上**。前景不佳的投資則要限制投入的時間。羅姆尼特別向我談到某筆投資的例子：「那筆投資最後的結果，有可能是我們的錢全部打水漂，也或者還能回本。然而，我們其他投資的報酬率介於三倍到十倍之間。我們把時間和專注力放在報酬率高的投資上。」

　　你的團隊也一樣。大部分的主管碰上明星員工，或是有潛力成為明星的員工，他們會放牛吃草，老是把力氣用在最缺乏潛力的員工。主管把輔導視為解決問題的流程，沒當成盡量提升績效的機會。立即績效回饋不僅能讓你的超級明星更上一層樓，也能增加他們留在團隊的機會。員工如果自認沒在工作上獲得足夠的重視，他們下一年離職的可能性是

三倍。[9]

　　把時間用在提供你的明星員工立即績效回饋，將出現槓桿效應，效果會超過其他每一個人的總和。專注於你的明星員工，在立即績效回饋的助力下，普通優秀的人才將變得超級優秀。此外，還能順便降低風險。你不會因為沒提供明星想要的指導，失去手中最優秀的成員。

▍本章重點摘要：立即績效回饋

一、用立即績效回饋（IPF）取代週期性的評估。

二、避免使用數字分級與標籤。

三、討論你想強化或避免的特定行為，不提供空泛的個人評語。

四、留意可以趁機輔導的時刻。如果情況允許，盡量當下就給予立即績效回饋（正負面都可以）。

五、運用立即績效回饋的六個環節，架構你的評語。

期待 → 評估標準 → 回饋 →

障礙 → 支持 → 齊心協力

六、史考特談的徹底坦率包含個人挑戰與直接關懷。執行徹底坦率分為以下五步驟：

在頭幾個月，先替你自己徵求徹底坦率的回饋。

第二步是只提供你的直屬部屬正面的徹底坦率回饋。

三、開始兩種徹底坦率回饋都給。要給正面的回饋，也要給批評。

第四步是和你的直屬部屬執行完整的徹底坦率。

五、在組織各層級的同事身上，重複以上的步驟。

七、不要為了減少你個人的尷尬，端出回饋三明治。

八　提供回饋時，說出對當事人的重要性，以及為什麼接受這個回饋符
　　合他們的最佳利益。

九、主要專注於你的明星員工。你大部分的時間，要用在讓普通優秀的
　　團隊成員變得超級優秀。

第 4 章

三百六十度評量

批評或許讓人不舒服，但不可或缺。作用有如身上的疼痛；
提醒你有東西處於不健康的狀態。

——邱吉爾爵士（Sir Winston Churchill），英國前首相

　　從同儕與部屬徵求個人回饋的概念，最早起源於一戰期間的美國軍方。[1] 目的是了解軍人準備好晉升的程度。漸漸的，愈來愈多組織也採取這個技巧，今日稱為「三百六十度評估」（360 Review）或「三百六十度」（360），因為做法是從與當事人有互動的人員那，全方位取得回饋——包括組織圖中的上級、下級與平級的同事。

　　兩名《哈佛商業評論》的專家作者，把三百六十度技巧比喻為全球定位系統（GPS）：如同獲得準確的定位需要動用數枚人造衛星，從你的經理、同儕與直屬下屬的角度出發的回饋，也能精準指出如何了解你的工作效率。[2] 三百六十度如果執行得好，等同無價之寶。有效使用三百六十度的企業，更能招募與留住頂尖員工與培養人才，提振組織的效率與競爭力。

同儕與部屬的觀察是威力強大的管理工具，但流程可能令人卻步，執行不當會造成很大的傷害。我在史丹佛教過一個案例，有三名同事繳交對經理東尼（化名）的評論。[3] 依據組織的流程，匿名提交的評語會一字不漏地拿給東尼看：

> 東尼這個人很難相處，喜怒無常。總之跟他一起工作，你有苦頭吃了。
>
> 東尼很會搶功勞。我們行銷團隊明明有好幾個人，但永遠聽到他在說他做了哪些工作，那我們其他人呢？
>
> 他不曾給我們意見回饋，只會索取他要的東西，然後就沒了。
>
> 我不知道我的工作到底做得好不好。

東尼讀了這些評語後感到很不安，開始猜是誰講了哪句話，認為團隊已經對他沒信心。東尼情有可原地感到尷尬與難過，最後提出辭呈。這個組織的三百六十度流程，沒讓東尼的表現更上一層樓，反而成為匿名的抱怨論壇，導致東尼感到不受歡迎與惹人嫌。雖然東尼還有改善的空間，他的問題經過輔導其實是可以解決的。他有潛力成為成功的團隊長期成員，但評語帶來的傷害揮之不去。

在今日競爭激烈的市場，三百六十度評估是強大的策略武器。幸好這項子技能其實可以用直接了當的步驟執行，避免發生東尼的情形。

▎開頭慢慢來比較快

循序漸進建置三百六十度的流程，有可能前後耗時兩年。在第一階段，只執行一種三百六十度就好——用在你自己身上。向團隊解釋三百六十度計畫背後的原理，以及遞交回饋的準備事項、保密原則、資訊將

被如何使用等等。流程可以很簡單，例如使用電子郵件，或是從眾多的現成 app 或軟體程式中挑一個，也可以請外部提供者管理。

一開始，先在自己身上運用三百六十度就好。向大家解釋回饋是保密的，讓大家放心完整傳達真正的感受，避免淪為歌功頌德的機會。不過，即便你反覆強調，不要期待員工會一下子相信，一切將絕對保密，或是可以安心對上直言。你需要證實流程的完整度，努力確保不會發生洩密問題。提醒員工他們提供的回饋，應該展現徹底坦率的精神，匿名不是惡意攻擊的機會。

接下來，讓全公司知道你收到三百六十度回饋後的結果，主動示範如何回應正面與負面的回饋。記得做好心理準備，評語有可能讓人痛苦。我第一次收到的團隊回饋，說我看上去冷冰冰的。雖然那已經是超過三十年前的事，我還記得當時感覺很丟臉。不過不管怎麼說，這個階段的重點不是獲得實用的回饋（雖然你的確會收到），真正的目標是示範三百六十度的流程——也就是說，你得特別小心地示範，該如何接受同事回饋，即便你有可能發現，你在外的名聲是冷酷無情。

幾個月後，進行第二輪的三百六十度，這次的主角換成你的直屬下屬。在相同的人員身上重複流程，直到效果達到你心中的設計。唯有當你本人和你的直屬下屬，全都熟悉該如何接受與回應三百六十度資料，才推廣到公司的下一個組織層級。後續在推廣時，要仔細關注經理人如何在他們的部門執行，不能破壞你小心翼翼打好的基礎。

在組織裡一層、一層地推廣，速度會比一次全面實施慢，你會很想加快這個流程。然而，如同剛才東尼的例子，因為草率地推出三百六十度而出的錯，將嚴重打擊士氣與內部的信任感，可能讓整個計畫變得窒礙難行。

蒐集資訊

上 Google 搜尋「最佳的三百六十度問題」（best 360 questions to ask），你會得到超過五億筆結果，其中多數是籠統的題目，包括強迫給出「一到五分」，或是選擇從「強烈不同意」到「強烈同意」。然而，三百六十度回饋和立即績效回饋（IPF）一樣，很難依據自己拿到的級數與籠統的對照，實際去做點什麼。A 和 B 給同一個人打的分數有可能不同，因為 A 和 B 對於「展現強大領導能力」的定義不同，或是在「強大領導力」這一項，A 和 B 心中的「四分」和「五分」標準不一樣。

與其用級數或數字來評分，還不如專注於自家組織的優先順序。舉例來說，如果組織最重視快速交付，那麼有效的三百六十度問題長得像這樣：

某某某平日工作時，在多少程度上對快速交付的目標做出貢獻？請提供明確的例子解釋你的結論。

請注意，有的組織在問這個問題時，句子的開頭是「這個人是否對某某目標帶來貢獻？」但這種問法會變成回答「是」或「不是」，無法帶來能採取行動的詳細資訊。問「這個人在多少程度上對某某目標有貢獻」則能強迫填答者提出更詳細的答案。除了更能反映當事人的特殊貢獻，也更有調整未來做法的依據。

你在擬問題時，一定要簡單就好，避免使用時興的商業術語（例如：「完整的透明度」、「核心職能」、「軸轉」），不一定所有人都懂那是什麼意思。此外，把題目的數量限制在七個以下。問卷很長時，人們每一題花的時間會變少，你會因此拿到匆忙寫成的答案。只問幾個深入的開放性問題就好，讓人十五分鐘到二十分鐘就能解決。

工具10：三百六十度回饋的三個C原則

三百六十度回饋的流程，不是網路上那種隨便想發什麼文就能發、愛怎麼寫就怎麼寫的論壇。填答人提供回饋的方式，要能引導行為轉變，而不是趁機發洩情緒，或是提出無法採取行動的抱怨。然而，儘管有這樣的前提，有的團隊成員照樣會自行其是。這也是為什麼執行三百六十度回饋的流程時，需要應用三個C，才能順利運轉：

- 整理回饋（**C**urate）。
- 擬定個人成長計畫（**C**reate）。
- 告知結果（**C**lose）。

整理回饋 **C**urate

首先，拿掉無法帶來實質轉變的負面評語。「東尼這個人很難相處」這句話或許是真的，但不具備可行性（actionable）。至於「他不曾給我們意見回饋」，東尼則可以想辦法改善。瑣碎的牢騷會占據情緒空間，妨礙重要的發展議題。你要整理回饋，拿掉那種牢騷。**此時的原則很簡單：如果無法做點什麼，那就刪去那句話。**

摘要整體的主題，不放上特例。你可以也應該改寫措辭不佳的回饋，以提高保密程度。直接的評論比較容易追蹤源頭，而且通常會導致當事人疑心是誰講的。好了之後，摘要說明幾個可以採取行動的優先主題。以東尼為例，以下的評論彼此相關，應該整合成一個主題：

東尼很會搶功勞。我們行銷團隊明明有好幾個人，但永遠聽到他在說他做了哪些工作，那我們其他人呢？

他不曾給我們意見回饋，只會索取他要的東西，然後就沒了。

我不知道我的工作到底做的好不好。

　　整理的時候，不能評語怎麼說，就直接信了。你可以選擇找填答人談，並且確認其他人是否也那樣想。舉例來說，曾經有執行長請我和他的直屬部屬執行三百六十度回饋。有一名副總裁提到：「他根本就不在乎。」我感到這句話無法行動，於是找那位副總裁了解這句話，結果得知他在意的是執行長明明承諾會每季舉行公司會議，但一年只開兩、三次會。

　　我確認真有此事，得知其他人也很失望，感到會議取消代表沒被當成優先事項。我沒放上那句無法行動的情緒化評論（「他根本就不在乎」），改寫成可行動、經過確認且實用的三百六十度回饋。

擬定個人成長計畫 Create

　　我把提到執行長如何跳過季度會議的回饋交過去，執行長沒否認這個說法，說自己會努力做得更好。不過，「做得更好」不是計畫，況且我懷疑他是故意不開那些會議——執行長面臨的阻礙依然存在。我於是運用立即績效回饋（IPF）架構（圖 4-1）中的元素：

圖 4-1：成長計畫架構

期待 → 評估標準 → 回饋 →
障礙 → 支持 → 齊心協力

　　三百六十度績效評估中，原本就包含 IPF 架構中的**期待、評估標準**與**回饋**，我因此把時間用在了解為什麼執行長不召開會議（**障礙**）。執行長說自己忘了，他很忙，被其他人或專案打斷，他的行事曆很難挪出

時間。我們都同意那些障礙不會自行消失，也因此執行長一開始保證的會努力「做得更好」，八成不會成真。

我們知道問題不會自行解決後，一起擬定計畫，挪出每一季的第一個星期四開公司會議，解決安排時間的難題。接下來，我們指定執行長的助理，負責季度會議的後勤事項，他會聯絡與會者與準備茶點。最後我告訴執行長，我會把這件事記在我自己的行事曆上。開完頭兩場會議後，我會寄電子郵件給他，詢問情況如何（**支持**）。執行長同意了這個計畫（**齊心協力**）。由於我們制定了個人成長計畫，這位執行長自然不曾再錯過季度會議。意外收穫是他的團隊因此對三百六十度流程產生信心，產生良性循環，執行長順利地把三百六十度計畫推廣到全公司。

告知結果 Close

一份四千名員工的研究發現，「員工如果感到沒人聽自己說話，或是需求沒得到滿足，他們比較不可能在職場上發揮全部的能力與經驗——還更可能向外尋求相關機會。」[④] 不過，雖然人們想被聽見，他們對於事情能改變到什麼程度，一般抱持理性的態度。不是平級與下級想見到的每一件事都有利於組織。三百六十度評估不是提出要求的機會，用途也不是替別人制訂個人發展計畫，或是確立組織的優先順序。

尋求完回饋後很基本的一件事，是告訴提供者結果，讓他們知道你打算怎麼做——這點很重要，即便答案是你打算不改變任何事。

告知結果時，記得遵守以下分成四部分的架構。我是從史丹佛的同事艾里斯那裡學到這個方法，他也是非常成功的創業者。

一：「我收到的回饋如下⋯⋯」

二：「其中有幾件事無法改變，原因如下⋯⋯」

三：「這幾點我同意，但要到⋯⋯，才有辦法處理。」

四：「我打算立刻處理的部分是⋯⋯」

你打造的企業文化在回饋的尾聲，一定要是改善自己，而不是歉意。關鍵是你在親身示範如何回應三百六十度的回饋時，不能是懺悔、辯解或致歉，例如：「很抱歉我那麼做。」**三百六十度回饋不是獎懲機制。每個人其實是在參與反覆改善自己的流程。如果想獲得最大的成效，你的企業文化必須是協助彼此愈變愈好，而是不找出誰做錯事。**這裡的意思不是領導者永遠不該道歉，只是提醒如果在三百六十度流程這麼做，有可能破壞這個制度的主要目標。

然而，如果你收到的回饋是你這個人「看起來冷冰冰的」，雖然你應該避免為了這種事道歉，你可以利用這個機會，展現富有人情味的一面，讓人感到三百六十度流程是讓彼此更好的計畫。舉例來說：

> 我讀了心裡不太舒服，我得承認我大受打擊。不過，我愈回想自己有時出現的反應——我也和幾位個人顧問、以及我太太談過後——我發現我的確得在這方面努力。我感謝同事讓我注意到這件事，我打算⋯⋯

以上的一切不會自動發生。你必須親身實踐，畢竟三百六十度流程的完整度，將影響到整個組織。此外，在三百六十度流程嵌進團隊成員的 DNA 前，你必須密切監督每一件事，確認永遠準確執行了 3 個 C，包括檢視你的經理整理後的回饋、擬定個人成長計畫，以及見證告知結

果的早期例子。

最後再補充一點……

我在擔任管理者的早期歲月，沒運用三百六十度回饋。我告訴自己，需要知道的事我都知道，更何況我們的組織很小，有辦法對彼此有話直說。當時的我想像，三百六十度有如某種團體治療時間，沒當成能取得關鍵資料、增進競爭力的流程。現在回想起來，我猜另一個原因是我害怕同事會寫下什麼。如果你也有類似的感受，不要和我一樣逃避，試試看吧。我因為迴避使用三百六十度回饋，錯過能打造出持久團隊的強大工具。

本章重點摘要：三百六十度評量

一、一開始慢慢來比較快。部署時間可能長達兩年。

二、不使用數字分級與標籤。

三、專注於公司的明確優先事項。把問題設計成不能用簡單的「是」或「否」回答。

四、限制題目的數量，十五分鐘到二十分鐘就能答完的少數幾題就好。記得題目要是方向明確的開放性問題。

五、依據以下步驟與順序執行：

　　a. 首先，只在你自己身上執行三百六十度評估。

　　b. 再來，讓全公司知道結果，示範如何回應回饋。

　　c. 第三步：對你的直屬部屬執行三百六十度評估。

　　d. 第四步：成功後，將三百六十度評估的使用範圍，拓展至組織的下一層。

六、收到回饋後，遵守 3C 原則：

　　a. 整理回饋（**Curate**），拿掉惡意的攻擊，摘要整體的主題。

　　b. 擬定個人成長計畫（**Create**），當中要包含**障礙、支持**與**齊心協力**三元素。

　　c. 告知結果（**Close**），提及四個部分：

- 「我收到的回饋如下……」
- 「其中有幾件事無法改變，原因如下……」
- 「這幾點我同意，但要到……，才有辦法處理。」
- 「我打算立刻處理的部分是……」

七、建立自我改善的文化，而不是道歉文化。

▌工具 11：三百六十度評估的十個範例題

一、〔名字〕對於我們公司〔某某方面〕的文化，帶來什麼樣的正面貢獻？

二、關於我們公司〔某某方面〕的文化，〔名字〕在哪些領域還能有所改善？

三、對於〔公司的某某目標〕，〔名字〕有什麼樣的貢獻？

四、如果你是〔名字〕的上司，你正在準備提供〔名字〕下個年度的發展目標，你會提出哪些目標？

五、〔名字〕如何協助你達成你的職業目標？

六、如果朋友問起〔名字〕扮演的專業角色，你會告訴朋友什麼？

七、〔名字〕讓你更可能或更不能繼續待在〔公司〕？為什麼？

八、〔名字〕有多能設定與堅守公司的優先事項？

九、如果有朋友即將成為〔名字〕的下級或平級，你會給朋友什麼建議，讓他最有可能和〔名字〕成功合作？

十、如果這個人將調到公司其他職務，你為什麼會想跟他走？或是因為哪些原因，你會決定留在原本的職務？

第 5 章

輔導表現不佳的同事

話語是神聖的，要抱持崇敬之心。如果能以合適的順序，說出合適的話，你就能把世界推進一小點。

—— 湯姆・史達帕（Tom Stoppard），劇作家

　　我的團隊裡曾有成員 A，他總是改不掉對人態度惡劣的毛病，與我們的企業文化不相容。我可以直接把他當成不適任人選，請他離開，但我知道如果我能解決這個問題，對公司來講比較好，畢竟 A 在其他方面表現傑出，很難在競爭激烈的僱傭市場上找到替代人選。不過，我需要有一套架構，先判斷能否輔導 A 的問題，以及還有救的話，該如何盡量提升成功率。

　　雖然有明確的證據顯示，許多績效不佳的員工經過輔導後，還是可以成功，但很少有管理者與企業知道怎麼做。高達四成的企業表示，**不會**再度錄用大多數或全部前員工，但也不願意處理績效不彰的問題！①

　　以剛才提到的經理 A 為例，走完本章介紹的流程後，我判斷他的問題很嚴重，不會自行改善，但還是有辦法輔導。本章談的不是偶爾出現

的小差錯，也不是應該透過「**立即績效回饋**」（**IPF**）處理的路線修正。本章會談如何輔導表現不佳的團隊成員。他們以無法長久的方式做事。若不處理的話，可能不適合繼續待在現在這個組織裡。

▌工具 12：四步驟流程

　　輔導表現不佳的同事很少會是緊急事件，也因此我們會拖著不去正面處理這種尷尬的場面，而拖延下去一般來說又會導致情況惡化，更難處理了。我們欺騙自己只要給出時間，事情就會好轉。然而，真實生活很少如此。為了避免發生這種情形，我們必須運用以下四個必勝步驟，一年進行兩次團隊評估。

　　首先，在你的組織圖上，用 A、B、C 標出你認為每位團隊成員屬於哪個等級。以這種方式把人分級，似乎違反了我在先前的章節談的原則，但差別在於這裡沒有強制有多少百分比的員工，必須被納入 A 級、B 級與 C 級。

　　這一步急不得。想好你的 A、B、C 是如何定義的。A 級代表當事人有九成的機率能做到前一〇％的頂尖結果。B 級代表有機會變成 A 級，或是那個職位不需要動用 A 級人才。[②] C 級代表時常不符合期待，或是在與成功息息相關的領域表現不佳。

　　人性會讓我們依據和另一個人的關係，提高或降低標準，所以首先要做一做左腦練習，運用大腦負責秩序與分析的部分，盡量客觀地觀察。你要運用在第一章「找人是為了看到結果」學到的技巧，依據特定的**結果**或**特質**，尋找這個人成功或失敗的證據。

　　第二步，讓右腦也上場，也就是思考流程的直覺部分。在這個步驟，想像你列為 B 級或 C 級團隊成員來你的辦公室辭職，因為他們碰到更好的機會，幫你省了必須開除他們的尷尬步驟。好了，現在感受一

下，你覺得鬆了一口氣、沒差，或受到打擊？

第三步，用「三年後……」開頭，描繪你預期組織圖接下來的樣貌。[3] 放上名字與職稱，看看誰在你對於組織的未來願景中，占有一席之地。你在想像自己的明星團隊時，能否想像這個人跟著你，也或者他們只是填補目前的需求？

最後的第四步是問自己：「如果要找人補職缺，依據我目前的了解，我會願意用他們目前一二五％的薪水來雇用他們嗎？」

這四個問題大約會花半小時，一年兩次。系統性套用後，你將找出需要想辦法留下與培養哪幾位員工，哪些員工則有較多的基本問題，需要加以輔導。

▌有可能輔導嗎？

接下來，你需要判斷是否孺子可教也。我想起有一次，我和從前的學生聊到，她需要撤換旗下的銷售總監 Y，因為她聽過一句話：「一旦你有開除的念頭，就代表已經來不及了。」不過，我不同意這種說法。把換人的成本和風險也考慮進去後，更務實的做法其實是嘗試輔導員工走向成功——如果當事人聽得進去的話。

我問我的前學生：「如果 Y 要成為 A 級人才，他需要改變哪些行為？」學生回答 Y 將需要「大幅提升」招募、雇用與留住銷售人員的能力。我說：「光這樣講還不夠。」我催促學生說出她希望 Y 在招募過程中，出現哪些明確的行為改變。我的學生答不出來。我要她想好之後再來找我。

我學生最後列出的清單中，有許多步驟與「找人是為了看到結果」有關，例如 Y 沒做資歷查核、缺乏一套正式入職流程等等——但我得知學生先前給 Y 回饋時，完全沒提到這些事。

行為一般可以分為三類：**知識類（knowledge-based）、技能類（skill-based）、特質類（attribute-based）**。一名財務總監如果不清楚適用的現行稅務法規，那是知識類的不足；如果提出財務模型是他的弱項，那是技能問題；無法與他人共事則是性格特質方面的問題。分辨究竟是哪一類很關鍵，因為知識和技能通常有辦法輔導，但理解力、進取心、態度、信任、情商等特質則很難教會。

如果你有員工是特質類的問題，這場仗不好打。幸好，如果想知道有沒有辦法輔導，幾乎永遠都能透過下列五個問題得出答案：④

問題 1：這個人是否為問題負起責任？
問題 2：他們是否自請提供解決問題的點子？
問題 3：你是否感受到懺悔之情？
問題 4：他們是否願意為了解決問題，在職務上做出妥協？
問題 5：他們的基本價值觀是否與組織一致？

形成觀點的方法是和那個人談相關問題，抱持好奇心仔細聆聽。此時不是輔導、說服或協助那個人改變的時候。你是在蒐集資料，判斷是否可能輔導那個人。為了找出答案，你必須在這種談話中以仔細聆聽為主。

最後要提醒，雖然道德瑕疵不等於人格特質有問題，以及光是做錯一次，也許不是該放棄這個人的理由，但也要思考我從古魯斯貝克那學到的一句話：「**你這輩子做過的最糟糕的事將是界線，而不是中線。**」我們都說過與做過不會自豪的事。我們該問的因此是這個人這次做出的事，是否**說明**他就是這樣的人，那是一種模式，也或者這次是**例外**？如果是例外，那麼與其加以批判與懲罰，還不如協助他們回歸他們替自己設下的正軌。這麼做對個人有益，也更能展現你的人情味。

工具 13：發展計畫

找出哪些地方表現不佳、判斷屬於可輔導的問題後，再來是運用立即績效回饋（IPF）的關鍵概念（圖 5-1）：

圖 5-1：成長計畫架構

期待 → 評估標準 → 回饋 →
障礙 → 支持 → 齊心協力

情節較為嚴重時，我們提出的陳述，很容易變成描述這個人的整體情形，沒能只針對你想改變的特定**行為**。以我的前學生為例，她不該告訴銷售總監：「你需要改善銷售人員的招募、雇用與留任」，因為這麼講幾乎可以確定會失敗。先挑一個技能領域，例如協助新人上手的問題，接著協助銷售總監掌握那項**子技能**。你不需要一天就造好羅馬。如果當事人成功解決第一個挑戰，也表示願意進一步學習，那就前進到下一個你想見到的行為改變。

由於這涉及當事人能否保住工作，你需要以書面形式記錄計畫。這種計畫不是在鋪陳最後的開除結果。萬一你的公司文化演變成員工認為收到書面計畫，代表公司在替預期中的解僱建檔，那麼幾乎不可能會有員工成功改善。發展計畫必須是真心嘗試輔導員工走向成功。以我自己的例子來講，收到書面發展計畫的員工中，有三分之二成功了，繼續留在組織裡——日後還通常獲得晉升。

我們常會避免給出書面計畫，因為正式文書會讓人感到事情很嚴重——然而，這正是書面計畫的寶貴之處。如果有人的工作可能不保，我們有義務清楚告知失敗的後果：**如果不改正這件事，你無法留在這**

裡。此外，書面化流程能強迫你一定的程度，明確指出當事人必須做到哪些事。另外就是書面發展計畫能降低誤解的可能性。

我建議發展計畫應該採取標準化格式，應用徹底坦率原則，納入立即績效回饋的步驟，仔細解說「評估標準」與「障礙」等部分。為了確保組織上下都遵循你的流程，你可以考慮採取一個政策：必須先將當事人納入發展計畫，否則沒有你的批准不得解僱。

▌注定失敗症候群

注定失敗症候群（set-up-to-fail syndrome）是指一種不良循環。⑤ 當人們在工作某方面表現不佳與接受輔導，經常會出現這種現象。員工知道自己被觀察能否輔導，但管理者並未應用立即績效回饋的概念，在障礙、支持、齊心協力等面向，特別給予協助，只是更加留神監督員工，給出「我對你缺乏信心」的訊號。員工感覺遭受質疑，更手足無措。被盯著的結果是員工進一步退縮，形成每況愈下的循環。

如果要避免注定失敗症候群，你必須明確告知輔導對象三個重點：一、你**相信**他們能成功。二、你**想要**他們成功。三、改正後，事情就過去了，不會影響他們的前途，或是如同迪士尼電影《獅子王》（*The Lion King*）裡的山魈拉飛奇（Rafiki）所言：「不重要，過去了。」舉例來說，你可以這樣講：

> 如果我不認為你能成功，我們現在就是在談離職了。如果你相信這個方案，你會成功。你是寶貴的團隊成員，失去你對組織來講是個損失，對我來講更是很大的打擊。我想見到你成功。我會盡全力確保你成功。此外，一旦解決，事情就過去了。

最後再提醒一點，別忘了發展計畫通常令人感到難堪。如果其他人聽說了這件事，發展計畫會成為當事人的焦慮來源。光是這點就可能影響他們成功的機率。為了降低這方面的影響，讓必要的人知情就好。如果可能的話，承諾你會保密。這麼做是在讓當事人有最大的成功機率——不只是發展計畫能成功，當事人也能成為長遠的團隊夥伴。

▋拒絕混蛋守則

我在職涯早期，任職於麥肯錫顧問公司。我的上司以高標準要求大家，但他的方法是責罵，有時甚至到達團隊覺得被羞辱的程度。有一次，在我連續三天工作十五小時後，他為了一個錯字，在眾人面前痛罵我。我的確犯了錯，但他沒運用立即績效回饋的概念，而是以人身攻擊的策略要我改變。

我的史丹佛同事羅伯・蘇頓（Robert Sutton）會說，我的前上司有想把事情做好的高標準，但比起他對組織造成的傷害，這一切傷害並不值得。蘇頓寫了一本書叫《拒絕混蛋守則》（*No Asshole Rule*）[6]，詳盡研究後提出混蛋的「十二大奧步」（*The Dirty Dozen*）。[7] 相關的混蛋特徵包括以人身攻擊或羞辱等手法，讓其他人感到被壓迫、恥辱、自卑。蘇頓認為，不論混蛋的工作效率多高，也無法彌補他們造成的傷害。蘇頓指出，我們經常沒想到組織裡有混蛋將付出的整體代價，其中包括實實在在的成本，例如：優秀員工離去、處理附帶結果耗費的時間、有才華的團隊成員失去工作熱情。

混蛋是幾乎無法輔導的特質。如果組織出現混蛋，你要告誡他們，要求在很短的期限內改善。如果他們不回應本章介紹的步驟，那就套用蘇頓的守則。

最後再補充一點……

柯林斯在《從 A 到 A⁺》用「巴士上的人」，代指你希望一起踏上組織旅程的同伴。柯林斯寫道：「高階主管發起從 A 到 A⁺ 的轉變時，不是先想好巴士要開往何處，然後要人把車開過去，而是先找對人上車（並要求不適合的人下車），再找出車要開去哪裡比較好。」⑧

當然，有時情況是某個人具備優秀團隊成員的特質，但待在錯誤的職位上——柯林斯稱之為坐錯巴士的位子。我遇過的情形是負責管理九百位員工的副總裁 C 做得不好，但 C 非常適合我們的組織，也擁有正確的特質。我們沒請 C 離開，而是請他建立與帶領新部門，那個部門更符合他的長才。C 在新職位做得風生水起，讓我想起一句話：「不要叫羊去賽馬，也不要把賽馬當成羊來放牧。」⑨ 我們賣掉公司後，再度雇用 C，二十年後我們還是朋友，一起投資事業，一起擔任董事。

本章重點摘要：輔導表現不佳的同事

一、一年兩次，問自己關於團隊的四個問題：

    a. 我會把每個團隊成員歸到哪一級：A 級、B 級或 C 級？

    b. 如果這個人辭職，我會鬆了一口氣或頭痛？

    c. 「三年後……」我的組織圖會長什麼樣子？

    d. 「如果要找人補職缺，依據我目前的了解，我會願意用他們目前一二五％的薪水來雇用他們嗎？」

二、針對行為，不針對人。

三、找出這個人必須改變哪些特定的**行為**，才能成為 A 級人才。

四、判斷是知識類、技能類，還是特質類的不足。

五、如果是特質類的不足，用五個問題判斷能否輔導：

　　a. 這個人是否替問題負起責任？

　　b. 他們是否自請提供解決問題的點子？

　　c. 你是否感受到懺悔之情？

　　d. 他們是否願意為了解決問題，在職務上做出妥協？

　　e. 他們的基本價值觀是否與組織一致？

六、如果是道德問題，那就要思考那個行為是否顯示當事人本性難移（模式），也或者這次是特例。

七、運用立即績效回饋（IPF）的概念，提出書面發展計畫。

八、利用四個概念，避免出現「注定失敗症候群」：

　　a. 你相信他們能成功；

　　b. 你希望他們成功；

　　c. 只要改正，這件事不會影響他們的未來；

　　d. 保密。

九、運用蘇頓的拒絕混蛋守則。

▍工具 14：發展計畫（Development Plan, DP）

　　基於下列原因，你的工作績效被判定需要留意：

（空白方框）

　　這份發展計畫（DP）的出發點不是申誡，而是修正問題的**計畫**，讓你在公司的職涯能回歸正軌。請務請徹底了解這份發展計畫。公司**強烈**鼓勵你和主管在發展計畫期間保持聯絡，確保你了解該如何做。在此提醒，如果你沒能做到這份發展計畫的目標，公司有可能要求你離職。

　　你必須在三十天／六十天內〔圈選〕修正相關問題，否則公司將進一步採取行動。如果未來有任何時刻，你的表現再次出現此份發展計畫提到的問題，公司有可能不把你列入新的發展計畫，直接要求你離職。

　　以下的必要行動與改變由你的主管設計。請仔細閱讀，了解內容。如有任何評論或反對事項，請在簽署加入發展計畫前，先填寫本表。

（空白方框）

　　你與主管討論完發展計畫後，如果還有疑問或關切事項（包括你是否被公平對待），請立即與你的主管、主管的直屬上司或人事部門討

論。不要等到發展計畫結束，才提出你的疑慮。

　　我（員工）對於此一發展計畫，有以下的看法或反對事項：

（空白框）

　　簽名代表你接受這份發展計畫，你得到機會表達意見或提出抗議。

———————————————————　　———————————————————
員工姓名（正楷）　　　　　　　　日期

———————————————————　　———————————————————
員工簽名　　　　　　　　　　　　主管簽名

第 6 章

分手很難

證據充分顯示，一個人自重的程度愈高，

也愈可能以尊重、和善、慷慨的態度對待他人。

——尼爾森·布蘭登（Nathaniel Brandon），心理學家

　　我早期最為難的一次經驗，就是要請走我第一間公司的營運長史蒂芬（化名）。我有很多可以留下史蒂芬的理由，畢竟公司營運得還算順利，我們兩個人已經成為朋友，他工作也很努力。我們達成目標，投資人開心。然而，公司卻未能發揮全部的潛能。我打從心底知道，如果要抵達最理想的境界，必須更換領導階層。即便如此，我還是苦惱了好幾個月。

　　幸好在我做出決定時，正好在接受如何請人離開的輔導。如果我不知道恰當的方法，這個流程會讓公司更加顛簸，尤其會對史蒂芬很抱歉。我告知消息時，史蒂芬大受打擊，但他在尷尬狼狽之餘，仍然拿出專業的態度，一起商量好聚好散。公司給予公平的遣散費，我也協助史蒂芬開啟新職涯，後來史蒂芬自行創業並成功了。日後還在機緣巧合

下，我們的公司成為他最大的客戶。三十年過去了，我們今日依然保持聯絡。

我們會因為於心不忍，遲遲無法把壞消息說出口，但誠如惠普（Hewlett-Packard）策略企業營運副總裁鄧恩（Debra L. Dunn）的解釋：「你讓一個人一直待在不受同儕尊重的職位上，被視為輸家，八成還自尊受損，這才是最不尊重人的做法。你這樣對待一個人，還說是出於尊重，我覺得太荒謬了。」①

此外，我們出於遲遲不做決定的相同原因，常會試圖降低傷人的程度，結果弄巧成拙。就跟歌手尼爾·沙達卡（Neil Sedaka）的暢銷金曲〈分手很難〉（Breaking Up Is Hard to Do）唱的一樣，要人離開絕對很難，而如同談戀愛的分手，努力讓被甩的人不那麼難堪，幾乎永遠只會適得其反。

▋做出決定

我們大多會拖著不做決定，希望等到更合適的時機。某些週期性的情境與非常時刻，的確需要靜觀其變，但就短期而言，幾乎**永遠不會有**開除員工的恰當時機。缺人代表剩下的團隊成員工作量會加重，而找人替補與後續的入職輔導，也全都很花時間。然而，你遲遲不行動，問題也不會自動消失。相較於找對長期團隊人選的好處，以上這些麻煩都只是小事。

做出決定很艱難，但如果你做到先前的章節介紹的子技能，你已經應用徹底坦率的概念，提供當事人立即績效回饋，告知三百六十度評估的結果，也給出書面發展計畫。如果這一切都做了，但當事人依舊沒通過以下四個問題，大概有必要請他們離開：

左腦檢查	把你的團隊成員分為A級、B級、C級。當事人屬於哪一級？
右腦檢查	如果這個人為了外頭更好的機會，到你的辦公室提離職，雙方好聚好散，那麼你會感到鬆了一口氣、不好不壞，或是大受打擊？
三年後……	三年後，這個人「在巴士上」有位子嗎？
你是否會重新雇用……	如果你正在替這個職務找人，你是否願意用他目前的薪水乘上125%雇用他們？

雇傭關係無法持續時，通常員工與雇主都有一定的責任。如果員工做得不好，你當然沒義務永遠雇用他們。然而，做人要公平，你的確該拿出善意，協助他們過渡到下一份工作。前文曾出場過的達利歐指出，決策拖著不處理，對雙方都不好：「**讓人繼續做不適合他們的工作，對員工來講很糟（妨礙個人成長），對我們的社群也不好（因為我們全都得承擔後果，而且不符合菁英制）。**」[2]

▌做好準備才仁慈

在我教授的史丹佛課程上會練習解僱員工。我扮演被炒魷魚的員工，學生扮演主管。我扮演員工時，我會詢問我的健康保險福利將發生什麼事。大部分學生會回答：「我不確定……我回頭再告訴你。」我接著會問遣散費的事，還有我能否留著筆電、我還剩多少天的假期、我能否拿到還沒使用的病假薪水。情況一下子就很明顯，學生扮演的雇主準備不足，失去工作的我極度焦慮不安，因此本節標題是「做好準備才是仁慈」。

做好準備的第一步，是判斷該給被開除的員工哪些財務補償。大部分法律規定，一直到在職最後一天，員工有權取得有薪假、發生費用（incurred expenses）與薪資——你全都應該事先準備好支付，看是要直

接存進對方戶頭，或是遞給他們支票。

　　如果是美國的話，你大概還需要提供「統一綜合預算調節法案」（COBRA）福利。如果是二十人以上的企業，此一聯邦計畫提供持續性的健康覆蓋（health coverage），而你的員工八成不清楚這件事。COBRA能確保員工離開公司後，還能有健康保險。你要確認員工知道有這樣的計畫，替他們準備好文書作業，附上簡單解釋。③

　　如果你的公司提供分紅、退休計畫或持股計畫，你也要弄清楚關鍵條款。由於你即將解僱的人聽到壞消息之後，八成會腦筋一片空白，記不住細節，你要以書面的方式，解釋他們退出相關計畫後將發生的事。如果他們將需要處理任何文書作業，請事先備妥文件，盡量替他們填好表格。

　　如果有遣散費，你有責任設計出合理的組合。此時永遠不該犯的錯誤是問員工：「你覺得給多少算公平？」這等於是在員工的人生承受極大的情緒壓力時，把重擔扔給他們。你該做的是檢視公司的書面政策，和你的顧問洽談，判斷出正確數字。我建議提供任何講理的員工都會接受的慷慨金額，協助避免任何未來的訴訟，確保流程順利進行。萬一起了爭執，或是進入壓力沉重的來回協商，你和組織都得進入消耗戰。此外，多提供一點遣散費，也能協助當事人在經濟壓力較小的情況下，找到下一份工作。仁至義盡也能讓你晚上睡得更安穩。

　　你也可以提供轉職服務（outplacement service）。如果有的話，那就準備好細節，包括聯絡資訊，以及員工能使用這項服務的步驟。這麼做能展現你是真心協助他們找到新工作。

　　在你和當事人見面談解僱事宜前，先考慮如何取得與留住公司的機密資訊。有一次，我開除的資深高階主管，正好隔天要到國外出差。我無法立刻要回她的筆電，而我懷疑裡頭有不法的證據。我在四十八小時後拿回筆電，但那名主管已經找了專業的硬碟清理服務，並且有跡象顯

示她留存了公司的機密資訊。

此外，也要決定你是否要提供工作推薦信。這個人不適合你的巴士，不代表他們無法找到適合自己的巴士。即便是你開除的人，還是可以提供推薦信，方法是開頭就告訴他們：

> 我想用推薦信的方式，協助你找到正確的工作。如果你考慮要我當推薦人，請事先聯絡我。我會依據職缺說明，告訴你我願意說出哪些推薦。如果你覺得那樣合適，那就給出我的名字，讓我協助你在別間公司找到適合的工作，否則我大概不會是有用的推薦人。

你可能需要事先讓某些工作同事知道解僱的事，例如為了計算有薪假或準備某些文件，但盡量愈少人知道愈好，而且只讓需要知道的人知道。沒必要的話，不要讓人保守祕密。哪個同事快離開了，將是八卦的素材。如果因為你在不必要的情況下讓消息外流，導致當事人從別人口中得知自己即將失去工作，這違反了你身為領導者應該示範的美德。

▎工具15：過渡協議

如果你提供多過法律規定的賠償或服務（法律上的「約因」），記得要請員工簽署放棄訴訟請求權（release of claims）。這種約定很簡單：我們提供法律沒要求的遣散費與服務，你同意雙方已經達成公平的協議，你不會取得遣散費與服務後，日後又向公司提起訴訟。

你可以在「**過渡協議**」（transition agreement）中，要求雙方都不會說出傷害對方的言論（「**封口條款**」non-disparagement），以及離職者不會帶走你的團隊成員或客戶（「**禁止招攬條款**」nonsolicitation）。最後，你可以用過渡協議來執行或加強必須對公司資訊保密的任何協議。

我一般會替支付遣散費加上條件，最好是長時間分期支付，增加對方不遵守協議將導致的後果。舉例來說，如果遣散費是六星期的薪水，你可以考慮分十二個星期才給完，讓對方有更長期的誘因遵守你們的過渡協議條款。

法院有可能把解僱期間簽署的部分合約條款，視為不可強制執行，以防員工是在受到脅迫的情形下接受。處理這種情形的方法，將是給員工數天的過渡協議審閱期。

過渡協議應該使用簡潔的用語，避免不必要的法律術語，減少誤解的可能性。此外，法律術語具有恫嚇作用，暗示敵對的關係。基於相同的原因，你應該鼓勵員工尋求法律諮詢，強調合約中有可能不利於他們的部分，用粗體字或底線強調簽署合約後，將失去日後控告公司的機會。我個人的經驗是你愈明確強調這點，第三方與法院就愈可能視協議為可執行。

在部分的法院管轄地區，員工被允許在簽署過渡協議後，在**撤銷期**（**period of recission**）內改變心意，也因此要避免在這段期間結束之前就支付遣散費。撤銷期過後，請員工簽字確認他們選擇不取消過渡協議，他們對於自己做出的選擇沒有疑義。

當事人如果屬於受保護階層（protected class），要特別謹慎。美國一九六四年的民權法案（Civil Rights Act of 1964）對於史上受歧視的族群，給予反職場歧視的保障。在美國受保護的階層包括性別、種族、年齡、失能、膚色、信仰、出生國、宗教、性取向、吹哨者、基因資訊等特徵。不當解僱受保護階層有可能導致重大的後果。簡單案子的訴訟風險有可能遠超過二‧五萬美元，而複雜的案子金額更高。這不是把員工留在巴士上的理由，但你在決定執行計畫之前，要先請教專家，提供勞

資雙方都感到公平的過渡協議。

▎分手很難

如果你個性善良，分手不可能容易。這也是為什麼不斷想說詞，希望讓對方不難受一點，將是不切實際的做法，一般還會弄巧成拙。你應該避免講出任何版本的「我也不好受」、「我希望你能理解」、「希望我們還能做朋友」。許多人在戀愛版的分手講這些話不成功，職場上的分手也不會有用到哪裡去。這種請求只不過是在減輕你自己的罪惡感，但此刻的主角不是你。你必須接受你擔任領導者的結果。**致力於建立優秀團隊**會碰上的難處，你要自己吞下去。

有話直說才仁慈。告知解聘消息的時間不要超過十分鐘。避免以任何形式的閒聊開場；被解僱的員工從你的表情就可以看得出來，你要講的是壞消息，拖拖拉拉只會增加尷尬的程度與他們的不舒服罷了：

> 迦勒，很抱歉我決定雙方已經不合適。你應該待在能發揮長才的
> 地方。雖然難以接受，我現在需要帶著你看你的過渡條款……

不要誤把含糊的字眼當成善意。我的史丹佛同事艾里斯創辦了十億美元公司 Asurion。他的文章提到有一次吉列公司（Gillette）的經理，因為不想直接告知開除的事，想用委婉一點的講法，於是告訴某名員工將被「移到別處」。結果雙方談了很久，員工還一直以為只是要調職而已。

你會很想替你的解聘決定辯解，讓被解僱的人同意你的講法——尤其是如果他們反駁的事不是你能左右的。然而，那麼做通常會導致爭論，接著一個不小心，你開始一一舉出他們這裡不夠好，那裡不夠好，讓被解僱的人感到心酸與心碎。你可能會覺得不公平，憑什麼不能解釋

你選擇開除的原因，但對方才是被壞消息衝擊的人，他們此刻情緒激動，五味雜陳，其中大概有憤怒、丟臉與憎恨的情緒。他們煩惱該如何告訴另一半、是否必須取消原本計畫好的假期、又該如何找到下一份工作。他們現正處於無法吸收績效回饋的心理狀態。這也是為什麼如果對方詢問他們被要求離開團隊，我一般會說：

> 如果有幫助的話，你希望知道的任何細節，我都樂意提供。如果你要和我約一個時間，一起討論我這麼決定的理由，沒問題。我會做好準備，帶著筆記出席。我建議約在下星期某個時候，在我們商量好你的離開條款後。但我們現在要做的事，是帶你看你的解除雇傭關係條款。

如果對方逼你透露更多資訊，那就重複那句話：「我們現在要做的事是帶你看你的離開條款。」並再次重複，你願意另找時間說明。如果他們堅持你不肯透露細節不公平，你的態度要堅定。你知道這一刻不談細節，其實是在展現同情與善意。再次表明態度後，開始說明解除關係協議的細項。

最後，你要替解聘的決定負起責任，不要推到別人身上。不要說這件事是上頭決定的、是老闆決定的、是董事會決定的，或是任何人。你做了決定，你就必須勇於承擔。

後勤事項

　　一星期中，哪一天最適合開解僱會議，有經驗的管理者看法各有不同。我個人偏好星期五，讓員工有週末可以消化資訊。對大部分的員工來講，星期六與星期日不是工作日，不會在工作日突然回到家，立刻面

臨措手不及的空白日。此外，週末是很好的冷靜時間，當事人能靜下心看待這件事。

　　我感到沒必要在解僱會議上，找人在一旁作證，沒必要如此無情。鍾彬嫻是雅芳公司（Avon）的前執行長，也是蘋果、聯合利華（Unilever）、Wayfair 電商公司的董事。我和她深入討論過這個議題，我們兩個人都同意安排證人暗示著不信任，並且讓員工在被開除時有觀眾，而這是不必要的。我們共同的經驗是如果要避免被指控不當解僱，最好的辦法是遵守你轄區的法律，雙方商量好公平且完善的過渡協議。④

　　解僱會議的地點，盡量設在沒有窗戶的辦公室或會議室，避免其他員工看到這個理應保密的會議。有的經理會選擇在辦公室以外的地點解僱，但後續的處理會不方便，因為員工必須返回公司取回私人物品，八成還是在眾目睽睽之下、他們希望能瞬間離開的時刻。

　　準備好面對各式各樣的情緒反應。我第一次碰到當事人聽到消息後崩潰時，只能尷尬地看著他，不知道該做些什麼。這對被開除的人來講是很尷尬的情境，我到今日還懊惱當時的手足無措。你告知消息之後，人們有可能崩潰，你可以事先準備好一瓶水和面紙。如果有人情緒受不了，那就藉故離開幾分鐘，讓他們有機會獨自冷靜，重拾自尊。

　　下班是開解僱會議的最佳時間，最好盡量在眾人都回家後。失去工作的同事在走出大樓時會心煩意亂，八成還會感到丟臉。一般來講，愈少人看到、愈少人跟他們搭話愈好。有的公司會找警衛把人護送出去，不過我和鍾彬嫻的經驗是，在大多數時候，這麼做只是在沒必要地羞辱人，你在向全公司暗示如果沒有警衛看著，這個人將做出危險或不恰當的事——但這很少會發生。

　　在極端的情況下，被解僱的員工會情緒爆發，例如向其他的團隊成員痛罵你或公司。如果發生這種情形，你可以禮貌地加速他們離開，但要小心避免情勢升溫——即便這可能又多給他們一些時間大吵大鬧。我

無從評估在任何的解僱情況下，你面臨的危險有多大，不過我個人的經驗是，雖然讓事情升溫成需要動用武力帶走職員，或是演變成暴力事件，公司很快就能從幾分鐘的騷動中恢復平靜。[⑤]

留下來的與員工溝通

面對未被解僱的團隊時，盡量只告知為了完成工作、他們需要知道的事就好。這麼做除了能保留最受影響的人的隱私，也讓團隊能安心知道如果哪一天角色對調，他們不會成為眾人議論的對象。有一些情形則是例外，例如有人竊取公司財物，或是被開除的對象對公司造成重大影響。不過大部分時候，某人離開公司的原因，不關任何人的事。

儘管如此，有同事離職造成的影響，的確是還在職的人該關心的事。開頭先告訴大家以下的話：

你們應該已經知道雪倫不在這間公司了。確切原因我和她知道就好。基於尊重，我們不該把她離職變成謠言或八卦的源頭，這不符合我們公司的價值觀。不過，你們未來的工作有幾件事會因此受到影響。我現在要和你們討論，接下來該如何處理……

你在溝通這件事的時候，員工心中八成會有四個合理的疑問：

離職的人留下的工作該怎麼辦？

公司打算補人嗎？何時會補人？

這件事將如何影響任何的上下級關係？

你們會考慮內部人選嗎？

　　不要等員工要求聽到答案，才回答這些問題，避免讓還在的團隊成員各自猜測，這會有損於你擔任管理者的口碑。他們想知道你已經有完善的規畫，公司的未來很安全。

▍最後再補充一點⋯⋯

　　喬爾・彼得森（Joel Peterson）到史丹佛任教前，管理全球最大的不動產公司。他沒課時，忙著擔任捷藍航空（JetBlue）董事與創始投資人。我和喬爾多年教同一門課。我從他那學到讓人離開同樣也是領導者的職責。喬爾是這樣說的：

> 最優秀的領導者除了擅長讓明日之星待在正確的位子，也擅長讓不適任的人離開。你在雇人的時候，不可能完全不出錯——即便人都找對了，組織會變化，職責會不一樣，就連非常能幹的員工，也有可能無法適應。[6]

　　如果你想打造優秀團隊，你避不開這項職責。如果有人號稱不曾讓任何人走，這不是他們是伯樂的證據，只代表他們無心於建立必勝的團隊。如果你致力於卓越領導，你必須接受管理工作中這個令人不愉快的一面。

▍本章重點摘要：分手很難

一、你在解僱任何人之前，先問自己是否應用了各種子技能，包括立即
　　績效回饋（IPF）、360 度評量，以及輔導績效不佳的同事。

二、做出決定時，問自己第五章「輔導表現不佳的同事」的四個問題：

我會把每個團隊成員歸到哪一級：A 級、B 級或 C 級？

如果這個人辭職，我會鬆了一口氣或頭痛？

「三年後……」我的組織圖會長什麼樣子？

「如果要找人補職缺，依據我目前的了解，我會願意用他們目前一二五％的薪水來雇用他們嗎？」

三、做好準備才仁慈：

　　a. 替結算至在職最後一天的任何有薪假、發生費用與薪資，預先備妥支票。

　　b. 告知與預備好健康福利延長（COBRA）的文書作業。

　　c. 預備好分紅、退休計畫、持股計畫，以及其他福利的文書作業。

　　d. 如果公司提供任何轉職服務，那就提供細節。

　　e. 計畫好收回機密資訊與公司財物的方法。

四、備妥過渡協議，並在開解僱會議前做好準備：

　　a. 決定要給什麼樣的遣散費。

　　b. 分期支付遣散費，不一次給完。

　　c. 考慮加上禁止招攬條款與封口條款。

　　d. 使用明確、簡單的語言。

　　e. 讓當事人有時間與他們的顧問審閱合約。

　　f. 弄清楚你的州保障的任何撤銷權利。撤銷期結束後，讓當事人以書面的方式，聲明並未選擇撤銷協議。

五、愈少人知道愈好，愈晚流出去愈好。只讓有必要知情的人知道。

六、有話直說，讓解僱會議速戰速決。

七、重點擺在與離職相關的條款，不討論解僱的原因。如果他們想詳細

了解為什麼被開除，另外找時間討論。

八、準備好配套措施，盡量讓當事人不會在同事面前尷尬（無窗的辦公室、下班時間、最好選在星期五）。手邊備好面紙和水。

九、請和留下的員工主要溝通四件事：

離職者留下的工作要怎麼處理？

你是否打算補人？何時會補人？

這將如何影響任何的上下級關係？

你們會考慮內部的人選嗎？

本書內文或過渡協議範例中提及之任何內容，均無意提供法律建議或職場風險管理辦法。此處的內容並非任何法律事務、暴力風險評估，或回應潛在暴力情境的特定行動步驟。本人並非律師，在風險管理或評估與回應職場暴力等方面，亦非權威，此處僅提供經驗之談。本章內容為一般性資訊，未針對各位應如何處理自身情形提供確切建議，亦未引導發生事實之處理辦法或建議做法。本書提供的一切內容無涉於律師與客戶關係。

工具16：過渡協議範例

茉莉・雅可布女士	〔日期〕
11825 奧克拉荷馬州土爾沙市	
聖巴斯弟盎大道	

親愛的茉莉：

這封信將確認您因被 ＿＿＿＿＿＿＿＿（「本公司」）解僱而向您提供
的特殊支付方案，自 ＿＿＿＿＿＿＿＿ 起生效。本協議中的「本公司」
定義包含公司主管、董事、股東與附屬組織。

有鑑於您同意並遵守本信函與所有附件之條款，本公司將提供您下
列補償。如果您確認同意本信函提及之協議條款，並遵守下列與附
件 A 中的義務，將向您支付所述補償。

一、依據您目前的薪資等級，您將收到相當於 ＿＿＿＿＿＿＿＿ 週的付
　　款，經由平日的薪資發放方式在 ＿＿＿＿＿＿＿＿ 週內支付。本款
　　下的所有付款均需進行正常和慣例的扣除和預扣。

二、您進一步同意除非法律強制，否則您不會以任何方式或在任何
　　其他時間，故意向任何一方傳達任何有損於本公司、本公司業
　　務或聲譽的內容。

三、在 ＿＿＿＿＿＿＿＿ 週的期間內，我們將提供您合理的行政支持，
　　協助您在他處找到工作。

四、您了解如不遵守本協議的所有條款（包括第 2 款），可能導致本
　　協議（包括第 1 款和第 3 款）終止。

五、您了解本協議和所附聲明書的條款取決於附件 A 的執行，以及
　　您並未撤銷附件 A 的執行（儘管您有一定的權利這樣做）。

六、考慮到上述內容（包括但不限於第 1 款和第 3 款），在收到您確
　　認的收據後，您免除本公司因您的僱用而產生的任何及所有索
　　賠（包括對補償、獎金或股權的索賠），但不包括既得退休福
　　利，例如 401(K) 以及歧視和不當解僱之索賠。

七、您已於 _____ 取得本協議。您承認您有至少二十一日的時間來考慮本協議。在此期間,您可以尋求律師的建議。為使本協議生效,您必須在見證人在場的情況下簽署並回傳協議至 _____ 。

您交回已簽署的協議後,將有七天時間取消協議。直到這七天期限到期後,本協議才會生效與可執行。如果您選擇取消本協議,您必須向本公司發送書面通知: _____ ,並註明「本人在此撤銷接受雙方之協議書與所附聲明書」。如您不希望撤銷本協議,請在簽訂本協議七日後,簽署所附表格並送至 _____ 。

您了解接受本協議之條款並簽署本函,即代表您放棄基於此類索賠起訴公司或其董事、主管和員工之任何權利,您放棄對本公司提起任何訴訟。

您承認本聲明由您自願做出,您承認有機會審閱您的選擇,並被鼓勵在簽署此聲明前,諮詢由您選擇包含律師在內的顧問。

您也承認有機會對本協議進行更改或調整,但放棄此一權利。在此同意並承認:

_____   _____
員工姓名(正楷)   日期

_____   _____
員工簽名   主管簽名

附件 A

本聲明與日期為 _____ 的主協議共同簽署。您了解為取得協議書所述之補償方案，您必須同意以下一般性聲明：

作為協議書中列出的對價交換，您同意免除本公司自您簽署本聲明之日起曾經或現在擁有的所有法律索賠。您承諾不會因受本公司僱用、終止受本公司僱用，以及本聲明書所述之行為，起訴公司或對公司提起任何法律訴訟，其中包括但不限於基於以下任何法律的任何法律索賠：

- 民權法案第七章
- 僱員退休收入保障法
- 移民改革與控制法
- 美國身心障礙者法案
- 一九八五年統一綜合預算調節法案
- 就業年齡歧視法
- 老年工作者福利保護法
- 職業安全與健康法
- 國家勞動關係法
- 公平勞動標準法
- 一八六六年民權法案
- 一九九一年民權法案

- 一九八一年至一九八八年美國法典第四十二編（含）

- 康復法

- 同工同酬法

- 家庭與醫療假法

- 勞工調適與再訓練預告法

- 移民控制和改革法、任何其他聯邦、州或地方民權或反歧視法、誹謗、不當解僱、過失造成精神痛苦、故意造成精神痛苦，以及不實陳述任何地方、州或聯邦的法律、法規或條例和／或公共政策、合約或侵權法。

您透過簽署本協議亦放棄現在可能擁有或曾經擁有的恢復權利或利益。

您承認本協議由您自願簽署，並承認在簽署本聲明書前，有機會審閱您的選擇並諮詢由您選擇的顧問（含律師）。您也承認您有機會對本協議進行更改或調整，但放棄此一權利。

若您不簽署本聲明，您將不會獲得協議書中提及的任何福利或補償。如果您在簽署本聲明後選擇撤銷，您將失去上述所有福利和補償，並退回您因協議書獲得之任何福利或補償。

您進一步了解如在簽署本協議後九天內，我們沒收到表明您選擇**不**撤銷本協議的聲明書，則本協議中提及之福利將暫停，直到我們收到聲明書為止。

本人已閱讀本聲明書及其所附信件並同意所述條款：

_____ _____
員工姓名（正楷）　　　　　　　日期

_____
員工簽名

_____ _____
員工姓名（正楷）　　　　　　　日期

_____
見證人簽名

羅傑・羅伯茲先生

好公司執行長

438 奧克拉荷馬州

土爾沙市 21 街

親手交付

親愛的羅伯茲先生：

本人未撤銷羅傑・羅伯茲於信中接受的補償方案，

日期為 _____，由我於 _____ 簽署。

_____ 敬上

第 7 章

千萬別浪費最後的道別

英國在這方面很特別：他們是唯一愛聽壞話的人。

——邱吉爾，英國前首相

我擔任過某間健康照護公司的董事。那家公司的人員流動率高到不尋常。執行長的講法是由於工作市場過熱，公司需要付更高的薪水才請得到人。然而，公司提高薪資近一年後，仍然不斷流失優秀員工。董事會於是請我和幾位近期遞辭呈的同事，進行**離職面談（exit interview）**。

我得知那些要走的同事，沒有一個人是為了追求更高的薪資。他們不滿的其實是執行長讓工作環境烏煙瘴氣。不過，我們沒因此換掉執行長，而是以執行長最可能接受與採取行動的形式，整理從面談中獲得的資訊。雖然良藥苦口，那位執行長實在值得敬佩。他接受忠告，做出持久的調整，人員流動率在一年內就下降，後續打造出成功的大企業。然而，不可否認的是組織先前付出了代價。如果一開始就應用**「離職面談」**這項子技能，原本可以省去前面的麻煩。

競爭武器

在今日高度競爭的勞動市場，如果要改善你吸引人才與留住員工的能力，離職面談是最簡單的方法。最棒的消息是，幾乎所有的競爭者都太沒有安全感，以至於無法享受這項子技能帶來的好處。在你的競爭力火藥庫裡，離職面談因此成了強大的武器。以全美的情況來講，每年有二六‧三％的勞工離職，估算起來每年的流動率成本達一兆美元。[①] 然而，在離開組織的員工中，有五二％表示，他們的主管原本能做點什麼，讓他們打消離開念頭。[②] 有五成多離職者表示，在他們走之前，沒人問他們對這份工作或公司的感受。[③]

諾愛爾‧尼爾森博士（Noelle Nelson）在《讓員工開心，你會賺更多錢》（*Make More Money by Making Your Employees Happy*）一書中提到：「當員工感到公司把他們的利益放心上，員工也會把公司的利益放在心上。」數據也的確顯示，名列《財星》雜誌（*Fortune*）「百大最佳雇主」企業，股價年平均漲幅是大盤兩倍以上。[④] 此外，離職面談是競爭力武器的證明，也可以看看哈佛商學院的亞瑟‧布魯克斯（Arthur Brooks）談個人與職場幸福的文章。他引用的蓋洛普（Gallup）數據顯示，員工向心力名列前百分之一的企業，超過四分之三的表現勝過對手。[⑤]

即將離職的員工一般比較敢發言，願意透露原本很難說出口的資訊。你有可能在離職面談中得知，員工正在考慮組織工會，或是員工覺得被近日出爐的新型健康方案誤導。離職者有可能告訴你，某個高階主管正在偷公司的錢，或是你的行銷副總裁正在面試其他工作。離職面談如果做得好，你就能獲得五花八門的資訊。

離職面談有明顯的用途，但許多管理者會避免設置離職面談的制度，因為通常在他們的內心深處，他們害怕員工會講出的話。我就是這

樣。有人離開我的組織時，我偏好能保住我對這件事的講法。這樣比較簡單。我因為不想替失去優秀員工負責，我會編一套對外的說詞。這種事是人之常情，但如同領導力專家肯·布蘭查（Ken Blanchard）所言：「冠軍把意見回饋當早餐。」[6]

的確，這碗「回饋粥」有時難以下嚥，但你願意忍受的話，你成為冠軍的機率無疑會提升。對員工和組織來講，建立一個流程，讓決定和你分手的員工——或是你剛分手的員工——有機會「一吐為快」，場面有可能很難堪。然而，找出發生什麼事，知道怎麼做可以改善組織，這很重要——而且你通常只有一次機會聽到重要證人開口。

面談人

進行離職面談時，公司派出馬的人，不能是未經訓練的主管，或是缺乏此類面談所需的特質。面談人的任務是找出隱藏在公司政策與社會規範下的資訊，他們要能營造讓員工感到安心的環境，願意透露尷尬或敏感的資訊，小心翼翼挖掘洞見。這就是為什麼挑選與訓練面談人，將是離職面談流程最重要的元素。

面談人必須擅長認真聆聽，給人信賴感，而且平日的風評是遠離公司政治。此外，離職員工會說出心聲的前提是，他們認為面談人在組織架構中，處於能和掌權者說真話的位子，要不然他們會內心懷疑講了也是白搭。

為了保持客觀，面談人不該是離職者或主管的直屬上司。此外，執行長最好不要參與離職面談。前員工需要有機會透露公司領導階層的問題，有辦法說出：「大家認為她陷入困境。」這種話事實上很難直接告訴當事人。

此外，被選中的面談人，偶爾會聽到涉及領導團隊不法行為的敏感

資訊，因此他們要能直接接觸公司的法務與董事會。如果你的組織夠大，人資部門的資深員工是主要人選。也可以考慮利用付費的外部資源，例如高階主管教練或外包的人資公司。

面談

　　理想的離職面談時間是當事人在職的最後一天。有的管理者認為，離職後等上幾星期，當事人可能會有更寬廣的視野，但隨著時間流逝，你的組織八成與他們愈來愈無關，還可能忘掉重要細節了。此外，一旦離職者忙著展開人生的下一章，將更難和他們約時間。

　　面談應該在一天的尾聲進行，等當事人已經完成工作職責。由於你無法確知對話的走向，只安排面談開始的時間就好。讓你的行事曆更有餘裕，就算談很久也沒關係。

　　面談人應該把自身的角色，定位成好奇的團隊成員，把離職員工當成主題專家對待。首先，面談人應該表達自己願意接受新看法，向離職的團隊成員保證，此次面談的目的不是維持現況：

> 我們知道永遠有可以改善的地方。這是公司更上一層樓的機
> 會。這也是為什麼我要做這場面談的原因。我會盡量讓你能有
> 話直說。

　　面談者無法保證會絕對保密，畢竟有時事情會超出他們的控制範圍，例如某個人的安全有危險。不過，面談者通常只需要保證自己會謹慎那就夠了：

> 我無法保證不會透露你講的任何話，因為我不知道你將告訴我

什麼。舉例來說,如果有人的安全有危險,我也必須處理,但我保證我會謹慎斟酌。此外,如果有你想以特殊方式處理的資訊,在你說出來之前先告訴我,我們一起想辦法看怎麼處理比較好。

永遠不要用表格、問卷與數字評分來取代離職面談。盡量進行有架構對話,詢問開放式問題,不問能用「yes」或「no」回答的問題,例如不要問⋯⋯

關於卡塔琳納的管理風格,是否有任何我們需要知道的事?

⋯⋯如果你這樣問,離職員工有可能只回答「有」或「沒有」。你應該考慮問開放式問題:

卡塔琳納的管理風格,在哪些面向妨礙她成功?如果她知道的話,就能協助她成為更優秀的主管?

請注意我剛才示範的提問,不是為了聊卡塔琳納的八卦,而是蒐集卡塔琳納會想知道的資訊。

不過,離職者有可能不願意開口。面談人因此必須能耐心面對停頓與沉默,等對方組織好語言,或是鼓起勇氣說出心聲。如果碰到人們特別不願意提供的資訊,面談人可以為此說明,這個流程就是在送前同事一個禮物。離職者或許還喜歡一起工作的夥伴,還保有忠誠感:

莉莉,我很高興你和卡塔琳納相處愉快,但沒人是十全十美的。我知道卡塔琳納想改善自己,如果你能給她指引,她會很

感激的。不過，這也是一個機會。你可以協助你的同事，例如加百列與拉希德。如果卡塔琳納成為更好的主管，他們也會同樣受益。

面談人也應該詢問，是否有任何需要解決的工作場所議題，例如公司有不報銷的支出、未做到的企業承諾。此時面談人應該用一個簡單的問題，找出員工是否滿意：**這個問題是否解決了？**

如果員工是被解聘，但有可能做離職面談，面談人應該把焦點放在當事人認為公司有哪些缺點與機會，避免討論開除的理由──除非當事人認為自己有法律依據，他們是因為被報復或歧視等原因遭到不當解僱。如果是這樣，你要調查清楚。

▎工具 17：離職面談 3 個 C 步驟

如同身分保密的三百六十度流程，離職員工有可能把離職面談當成報復機會，肆意謾罵。此外，他們的用詞有可能無法提供有益的批評。離職面談不是任意發言或隨意抱怨的網路論壇。你因此應該在與任何人討論面談發現之前，先進行 **3C 步驟：整理**回饋（Curate）、**擬定**納入「障礙」、「支持」與「齊心協力」三元素的個人成長計畫（**Create**），以及向受到影響的人**告知**結果（**Close**）。離職面談的最佳產出，將是用上「三百六十度評估工具」與「立即績效回饋」的個人成長計畫，好讓你的組織出現重大改善。

整理面談內容的目的是增加資訊的實用度，拿掉會讓可行動性下降的話。如同三百六十度流程，面談人的任務包括篩掉不相關或惡意評論，去蕪存菁。加上證據後，將對同事或公司有用。不是所有的離職面談都會帶來新資訊，但對於身為管理者的你而言，強化與確認先前的看

法也同樣有幫助。

▍最後再補充一點……

費爾·席福萊（Phil Seefried）共同創辦了高度成功的投資銀行。這一行的人員流動率高到出名，席福萊的公司卻得以把流動率降到幾乎是零，其中有部分要歸功給離職面談，持續調整公司文化、規範與流程。席福萊甚至更進一步——他會做「**搶先的離職面談**」（pre-exit interview）。每一年，資深管理階層會問員工兩個簡單的問題：「你為什麼留在這？」和「發生什麼事會導致你離開？」這麼做能讓公司更能在問題發生**之前**就防範未然，避免在未來損失優秀的團隊成員。席福萊的公司靠著搶先的離職面談，得以持續名列業界的「最佳工作地點」。

▍本章重點摘要：千萬別浪費最後的道別

一、理想面談人的特質包括以下幾點：

    a. 認真聆聽

    b. 讓人感到可以信任

    c. 他們的職權能對掌權者說真話

    d. 與離職員工的主管沒有從屬關係

    e. 不是執行長

二、在員工在職最後一天，在他職責已了後的下班時間進行面談。

三、說明你願意接納新點子，向當事人保證你的目標不是維持現況。

四、你無法保證不會說出面談內容，通常只需要保證你會謹慎判斷。

五、努力進行有架構的對話，詢問能揭曉關鍵資訊的開放性問題。

六、詢問無法用「是」或「否」來回答的問題。

七、永遠不要用表格和數字評分代替離職面談。

八、採取離職面談 3C 步驟：

　　a. **整理**回饋（**C**urate），摘要整體的主題，不直接放上原始評論。

　　b. **擬定**個人成長計畫（**C**reate），當中要包含**障礙**、**支持**與**齊心協力**三個元素。

　　c. **告知**結果，結束流程（**C**lose）。

九、主動採取搶先的離職面談流程，了解為什麼員工會留下、如果發生什麼事他們會離開。

▌工具 18：十個離職面談問題

一、是什麼原因讓你最後接受新工作？

二、什麼事原本能讓你打消離開的念頭？

三、你會如何描述我們的公司文化？

四、怎麼樣能讓這間公司成為更理想的工作地點？

五、這間公司的哪一點會讓你推薦給朋友？

六、你認為我們的公司面臨的最重大的風險是什麼？

七、你最喜歡與最不喜歡你的工作的哪一點？

八、你是否得到有建設性的回饋，協助你改善自身表現？

九、你是否感到上司給了你成功所需的東西？

十、如果你是這間公司的老闆，有哪些你認為領導階層不知道、你想讓他們意識到的事？

捍衛時間

第 8 章

有做事不等於有進展

光是忙碌沒有用。螞蟻也很忙。我們要問自己在忙什麼？

——梭羅（Henry David Thoreau），哲學家

有好幾年時間，我星期一到星期五的進度不斷落後，接著試圖在週末補回來。新的星期一到來時，我以為這星期能洗心革面，開始做重要的工作，更常見到女兒，再也不會錯過家中晚餐，還用得到健身房的會員卡。然而，每個星期的結局卻跟上星期沒什麼不同。

我沒意識到隨著我的組織規模擴大，需要我投入時間的事也變多。更多人想得到我的關注，我自己的優先事項被擠到一旁。我回覆的電子郵件愈來愈多，一堆人跑來「請教」我事情。諷刺的是，科技承諾會改善我的情況，但只讓事情雪上加霜：智慧型手機成為綁住我的鏈條，任何人在隨便一天的任何時候都能找到我。人們期待我全年無休，一週七天、一天二十四小時都要收信。幾乎不管是誰，只要透過網路，就能找到我的電子郵件地址。LinkedIn 等網站也允許所有不認識的人都能聯絡我；行事曆 app 則允許別人不必先問過我，就在我的行事曆加進事情；

此外，視訊技術讓原本二十分鐘就該結束的主題，太容易變成一小時的會議。

我舉步維艱試著穿越這個科技的灌木叢——每天早上醒來時，我下定決心陪伴孩子時會更專心；我不會一直收信；我要減少參加的會議數量；我要更擅長說不。然而，總是會冒出突發狀況。團隊成員來敲我的門，說出令我害怕那句話：「能借個一分鐘嗎？」我需要完成的重要提案，又被挪到週末的行事曆。低價值活動無止境地塞滿我替優先事項預留的時間。

有天下午，天降救星。我和朋友湯世德（Tom Staggs）在史丹佛校園喝咖啡。我疑惑他明明和我一樣，一天只有二十四小時，怎麼有辦法管理員工超過二十萬人的團隊。湯世德當時是迪士尼公司（Walt Disney Company）營運長，管理的組織比我的大幾十倍、幾百倍，但他一天和我是一樣是二十四小時的。

湯世德解釋他被迫格外小心地守護最寶貴的有限資源：他的時間。湯世德表示：只要我讓別人替我設定日常的工作事項，就沒機會辦到。那次喝完咖啡後，我開始觀察其他的領導超級英雄有哪些時間管理習慣。我讀到他們也提及自己奮力保護時間，因此明白湯世德說得沒錯。我從有辦法完成事情的人士身上學到的五件事，其中有一件就是他們極力捍衛自己的時間。

首先是增加時間的量

法蘭克・吉爾柏斯（Frank Gilbreth）一生最出名的事，大概是他在《十二個孩子的老爹商學院》（*Cheaper by the Dozen*）中扮演的角色。他在書中以幽默口吻，描述每天如何餵飽十二個孩子並送他們上學。不過，在這本讓他成名的書問世之前，吉爾柏斯最受認可的研究，其實是

他證實如果把磚塊堆升至胸部的位置，砌磚工在同樣時間內能砌好的磚塊數是兩倍。[1] 這類研究的現代版例子，包括我的史丹佛同事蘇頓與哈吉·拉奧（Huggy Rao）合著的暢銷書《卓越，可以擴散》（*Scaling up Excellence*）。[2] 兩人介紹五花八門的技巧，例如相較於盤成圓形，以八字形捲起空氣管，能讓全國運動汽車競賽協會（NASCAR）的賽車維修站停留時間，從平均二十二秒降至二十秒（這點在常以〇·一秒決勝負的賽車中很重要）。

距離吉爾柏斯的研究一世紀後，工業工程進入工作場域每一個面向，只有管理是例外。不過我們現在知道，如果應用曾經被拿來接送十二個孩子上學，或是加快賽車通過維修站速度的技巧，管理者將能創造出更多時間，一天大約多出兩小時。

▍壓縮會議時間

大約在四千年前，巴比倫人用十二進位分割一天的時間——計算方法是把四根手指頭，乘以一根手指頭的三個關節。[3] 沒錯，你手上的關節數量，就是為什麼全世界幾乎是每一場會議的預設長度，全是三十分鐘或六十分鐘。

我不想讓已經作古的巴比倫數學家操控我的行事曆。因此做實驗，把一小時會議縮短成四十分鐘，半小時會議縮短為二十分鐘。聽起來沒差多少，但經理人整整有七二％的工作時間在開會。[4] 如果按照我研究歷史後定出的時間安排來做，光是簡單的調整，一天就能多出七十分鐘——一週下來接近多了一整天時間！

此外，還出現兩個我沒料到的額外好處。首先，不尋常的時間框架，讓人感到會議應該準時開始、準時結束。會議時間如果定在十點二十分，人們會假設是有原因的。他們會準時出席，我們可以立刻進入正

題。我們在那些二十分鐘會議完成的事，多過先前的三十分鐘會議。第二個額外的好處是超時五到十分鐘的會議變少了。這些改變全加在一起後，一天替我省下八十分鐘。

▎工具 19：OHIO 原則

OHIO 原則是「Only Handle It Once」（一次搞定）的縮寫。管理者花在一件事的平均時間僅三分多鐘。平均來講，他們一天必須處理十二‧二種不同工作領域的事務，每十分鐘就得從一種事務換到另一種事務。[⑤] 神經科學家稱這種做法為 **「作業切換」**（task switching），而我們也知道，以這種方式完成工作十分缺乏效率。

舉個例子來講，有一項研究是給兩組受試者兩個任務。任務內容都一樣，但第一組必須蓋好模型小木屋後，才開始回覆簡訊與電子郵件訊息。第二組則手機一收到訊息就必須馬上回。第一組回覆完所有訊息與蓋好小木屋花的時間，大約比第二組少三分之一。

那份研究讓我想起，我曾經和一位女士開會。她的班機延誤抵達，落地時她向我致歉沒先寄信通知會遲到，因為航班網路用不了。那位女士接著又承認，雖然她對於無法聯絡我感到不好意思，她因此在機上完成大量工作。少了網路干擾後，專注力提升（工作速度變快），減少了作業切換導致的專注力流失。

這一切全是因為我們的大腦無法立刻從一項工作，切換至另一項工作。我們需要一段適應時間，才能完全投入下一件事。每次我們開始做一件事，需要一段認知暖身期。切換至另一個活動時，還有部分注意力會留在剛才的活動上。如果一下子做這個、一下子做那個，將因此付出認知的代價，研究人員稱之為 **「殘餘效應」**（residual effect）。如同剛才飛機上的女士，你無疑也體會過，當你不必沒完沒了地一下停、一下

動，你完成工作的速度會快多少——現在你知道原因了吧。

我們避免不了殘餘效應，因為認知構造就是這樣。自律無法改變人類大腦運作方式。比起一鼓作氣完成，在一天中把一件事分成好幾次做，需要花更多的時間。相較於浪費的時間量，這種時候成本又更高。當專注一件事，專注力與精力會加速前進。切換任務則會減少處理工作時的專注度，也因此除了完成的時間會增加，做的速度還變慢。OHIO（一次搞定）能事半功倍。

我們之所以會切換任務、很難不跳來跳去的原因，在於認知就像會累的肌肉。大腦一下子就會找藉口休息，就像運動員想跳過練習的最後五個伏地挺身。解決幾封信、簽名批准、閱讀螢幕上出現的文章，這些是很簡單的工作，認知負荷較低。這是大腦版的喝口水休息一下，不想完成最後的五個伏地挺身。然而，由於我們不願意承認實情，告訴自己看無聊的電子郵件也算工作，即便實際上那只是在休息。

我得知作業切換與認知疲勞有關後，我發現自己需要擁抱 OHIO。我設下里程碑，例如必須先做多少分鐘的某件事才能休息——很像是規定要完成幾下伏地挺身——不管大腦如何哀哀叫。

我們的大腦跟肌肉很像，需要恢復期，但我休息一下時，靠的不是作業切換。作業切換沒有多少緩減作用。我會做幾乎不需要專注力的事，例如閉目養神十分鐘，走一走，或是洗碗。這麼做能讓我更快恢復精神，有辦法在更有精神的狀態下，更快回到重要的工作。

擅長說「不」

我有朋友在波士頓經營軟體公司，他想多了解美國西岸的創投情形，於是請我牽線我的史丹佛同事 A。A 是重要創投公司的管理者。出乎我的意料，A 拒絕了。一開始，我覺得這個人怎麼這麼不給面子。然

而，A 採取的立場，其實反映了湯世德那天下午在史丹佛試圖向我解釋的事。高效的領導者不認為有必要閱讀別人寄去的每一篇文章、回應每一封不請自來的 LinkedIn 訊息，或是只因為某個史丹佛同事開口，就和別人共進早餐。A 是忙碌的創投人士，如果他答應見所有想向他「請教」的人，他會沒時間做自己的重要優先事項。

說「不」不一定代表你完全幫不上別人的忙。你可以建議與其吃一小時的午餐討論，不如改花二十分鐘喝杯咖啡。對方同樣能得到需要的東西，你則省了寶貴的四十分鐘。又或者是學生經常問我一樣的問題，我最後基本上也都回覆相同的答案，我現在會先寄寫著基本資訊的一頁紙。雖然討論時間變短，但影響力變大，對學生來講比較有價值。

你真的可以禮貌拒絕，而且這還是高效領導者必學的能力。有時你會感到不安，有的人會因為你拒絕而不開心（如同我的史丹佛同事例子），但那不是你該隨意交出最寶貴資源的理由。前 IBM 執行長葛斯納（Lou Gerstner）講過：「永遠不要讓任何人主導你的行事曆。」

接下來是提升品質

曾經有好幾個月時間，每次我寄信給朋友凱薩琳‧蓋爾（Katherine Gehl），收到的都是自動回覆：「很抱歉，但我目前手中有重要的計畫，無法回覆您的電子郵件。」凱薩琳先前管理龐大的家族事業──如果你在棒球比賽吃過起司玉米脆片，八成是她家的蓋爾食品（Gehl Foods）製造的。不過，凱薩琳後來賣掉家族事業，接掌「政治創新研究所」（Institute for Political Innovation），替美國陷入泥沼的政治體系想辦法。

我問凱薩琳那個電子郵件回覆是怎麼一回事，她解釋自己當時正在寫書。[6] 那本書是她的優先事項，她相信親朋好友一定能諒解。凱薩琳接著又熱心寄給我《深度工作力》（Deep Work）這本書，作者是喬治城

大學的電腦科學教授卡爾・紐波特（Cal Newport）⑦。我印象最深刻的地方是紐波特區分**「淺薄工作」**（shallow work）與**「深度工作」**（deep work）。淺薄工作是指不太需要專注的簡單事務，但帶來的價值也有限。這種工作幾乎在任何環境下都能做，很短的一段時間就能完成。深度工作則涉及創意與創新，例如寫一本談政治創新的書，但需要不受打擾的專注期間。

一天之中出現的打斷，將增加「注意力殘留」（attention residue）。注意力殘留和殘餘效應很類似，也就是你剛才做的事，將影響你做的下一件事。你回覆完重要顧客的抱怨後，那件事將占據你一部分的注意力。要過一陣子後，才有辦法把顧客的抱怨拋到腦後。由於你是不自主地在不同事務之間切換，深度工作只獲得你一部分注意力，你發揮創意的程度減低，工作速度也較慢。

這就是為什麼如果把深度工作，插在回覆郵件、走廊閒聊與泡咖啡之間，我們將無法完成。安排旅遊計畫、打簡單的電子郵件、批准日常事務的決定等等，全是生活裡必須做的事，但那些事幾乎在任何環境都能做。深度工作則需要刻意挪出不受干擾的時間，通常時間長度要到數小時之久。下一章會介紹相關的技巧。

我們會受淺薄工作吸引的原因，在於很容易完成，獲得虛假的滿足感。然而，我們最重要的工作通常與深度工作有關，例如準備績效評估、設計新型佣金方案、準備客戶簡報或檢視產品提案——**成功來自產出的質，而不是量。**

你的確需要回覆與交易有關的電子郵件，也必須預定旅館。然而，紐波特解釋要是少了護欄，淺薄工作會消耗我們的注意力，排擠我們做深度工作的時間。我最近看到一篇論文，文中舉了在組織裡把深度工作制度化的絕佳例子：有一間軟體公司為了讓旗下的工程師有更多時間寫程式，禁止其他人在星期二、星期四、星期五打擾他們。那個政策讓生

產力從四七％提高到六五％。[8]

了解自己的時型

心理學家用「時型」（chronotype）一詞，描述每個人通常會在某些時間點入睡與醒來。時型會決定你最適合在哪些時間點做哪些事，包括深度工作 vs. 淺薄工作。

一天之中，我們的體溫、血壓、褪黑激素濃度，將依據晝夜節律、年齡、性別與遺傳上下起伏。這就是為什麼有的人在晚上工作的效果最好，其他人則適合在早上工作。知道自己的時型，就能讓天生的特質變助力。如果你不知道自己的時型，科學問卷能協助你判斷出來。[9]

如果你一天的精力是愈晚愈無力，那就把淺薄工作安排在下午，把早上留給創意工作。雖然看到收件匣清空的那一刻會有滿足感，別把一天中最有精神的時間，留給繳信用卡帳單這種事。找出你在一天中的哪個時段最清醒、最專心、最有創意，盡量把那些時間留給深度工作。以我來講，我把早上留給深度工作。我的助理知道如果可能的話，不要把會議安排在早上，並把行政工作、或是不太需要任何創意的工作，全塞在下午。我的認知能力在下午比較弱、比較疲憊。

改造環境

兩年前，我決定睡前不再吃焦糖巧克力豆（Milk Duds）。這種甜食在一天尾聲是很好的撫慰，但裡頭含的咖啡因和糖分會干擾我的睡眠。我試著少吃一點，但收效甚微。日復一日，每天晚上我都會找到新藉口，又抓了一把巧克力豆。隔天早上醒來時，懊惱怎麼自制力那麼差。承諾會改、承諾會做得更好很容易，但每日的誘惑就像巨大的橡皮筋，

又把我扯回原地。

如果我想少吃一點焦糖巧克力豆，我需要控制我的環境。B·J·福格（B.J. Fogg）是史丹佛大學行為設計實驗室（Behavior Design Lab）的主持人，也是《設計你的小習慣》（*Tiny Habits*）一書的傑出作者。[10] 福格解釋：「徹底改變行為的方法只有一種，那就是徹底改造環境。」有一次，我成功靠著自制力，把家裡堆成小山的焦糖巧克力豆全扔掉，並請太太溫蒂以後不要再買了。我戒巧克力豆兩年了，但只要太太往食物櫃裡放上一盒，我又會故態復萌。

我們的工作習慣也一樣。暴露於誘惑時，我們會在上床時間吃巧克力，還會回應每個請我們挪出時間的請求，以及讓簡單的低價值工作，打斷我們能替組織增加價值的工作。舉個例子來講，我發現我的辦公桌帶來太多干擾後，每次一到要做深度工作的時段，我會跑去坐在不同的地方。此外，如同扔掉巧克力球，我會把手機放在別處。如果我不控制我的環境，誘惑就會一點一滴偷走我的時間，我完全無力抵抗。

▍最後再補充一點……

幾乎是每一間公司，全都會限制傳統型資產與資源的運用方式。然而，公司很少會規定自己最關鍵的資源：主管的時間。這也是為什麼一旦你盡全力守護自己的時間，你還應該讓整個團隊也養成同樣的習慣與做法。想一想你能帶來多大的賦能，例如當不僅僅是你，你的整個團隊都因為削減會議時間，每個人一天都多七十分鐘；也或者是當整個團隊——不只是你而已——全都能在不受干擾的高品質時間，做高價值的工作。

此外，由於你是整個團隊都做相關的調整，當有人的電子郵件沒得到秒回，或是當會議只安排二十分鐘，或是你禮貌拒絕「給我一分鐘」

的請求，他們就不會生氣。當組織裡沒人在晚餐桌旁收信，將出現複利效應。員工也和你一樣，清楚自己已經把工作日的量和質都提升到最高，有辦法和親友享受下班時間，隔天神清氣爽地再度出現。

▍本章重點摘要：有做事不等於有進展

一、先從增加量開始。

  a. 把會議壓縮至二十分鐘或四十分鐘。一星期省下六小時。

  b. 從認知角度看，作業切換與殘餘效應會浪費時間。OHIO（一次搞定）能解決相關的問題。

  c. 你要擅長說「不」。你可以不必完全拒絕，但是把別人的拜託打折扣。

二、依據紐波特的分類，把工作分成淺薄工作與深度工作。你了解區別後，就能利用這兩種工作特性，好好安排一天行程。

三、再來是提升品質：

  a. 設定不受干擾的時間。

  b. 了解自己的時型。

  c. 控制你的環境。

四、完成的工作量與工作品質會攜手並進。改善品質後，完成的量也會隨之增加。

第9章

日日好，月月好

重要的事很少緊急，緊急的事很少重要。

——艾森豪，美國前總統

我曾和約翰・賽里諾（John Serino）一起管理過零售連鎖店，分店遍佈美國五個州超過一百一十五個地點。約翰很喜歡告訴團隊：「一天過得好，一星期就過得好。一星期過得好，一個月就過得好。」他知道成功來自於累積成千上萬個好好度過的日子。

然而，既然時間不是可再生資源，好好過日子將需要規畫好每一天：不只是你感到情況失控時，而是所有的日子都得規畫，沒有例外。沒規畫的結果，就是你會浪費大量時間做不重要的事。沒有計畫時，我們不會跑去完成替組織增加價值的工作，而是有如飛蛾撲火，浪擲時間追逐「閃亮的新奇事物」和「燃眉之急」——如果你是蛾的，去那些危險的地方可不妙。

一切的背後是有原因的：我們人類就是這樣被設定。改變行為因此要從這裡下手。不論來源是奔馳的劍齒虎，或是覓食的瞪羚，我們人類

演化成回應緊急的刺激。大腦中的杏仁核控制著情緒。無數世紀以來，杏仁核變成過度重視眼前的事件，因為這是人類得以存活與餵飽自己的原因。農耕或經商等如果具備長期思維會有好處的活動，對人類意識來講是相對新的事物。尼爾‧路易斯博士（Neil Lewis）與黛芙娜‧歐瑟曼博士（Daphna Oyserman）描述背後的神經活動，解釋「人們假設應該留意現在；未來的事交給未來的自己就好。」[①] 這句話是在以較為文雅的方式說，我們的神經設定成衝向燃眉之急。在沒有計畫的情況下，不論是否具備策略或戰略上的重要性，我們會被任何緊急事件吸引。為了平衡生物機制，我們需要多利用由前盟軍最高司令，以及史上最著名的健康暨健身達人研發的方法。

▊工具 20：艾森豪矩陣

　　二戰期間，艾森豪永遠面臨兩難，每天既得救火，又得打贏整體的戰爭。他為了提供參謀人員參考的依據，畫出今日被稱為「**艾森豪矩陣**」（Eisenhower matrix）的四象限（圖 9-1）：

　　如果沒規畫一天的時間，生物本能會驅使我們走向艾森豪矩陣下面的那一排。然而，如果要贏得戰爭或管理組織，你的時間應該集中在上面那一排——最好是右上角那個象限。然而，由於天性會帶我們朝反方向走，我們需要利用常規的力量來抵銷那股壓力。

　　健身專家傑克‧拉蘭內（Jack LaLanne）在此時登場了。他不僅僅是掀起空前絕後的日常健身與健康革命。他的祕密力量來源不是開合跳或花椰菜，而是常規的力量。拉蘭內一天生食十種蔬菜——不是九種或十一種，而是剛剛好十種。拉蘭內知道如果只規定自己必須「多吃蔬菜」，那麼他有可能作弊，沒吃足每天該吃的花椰菜份量，甚至用一把巧克力球就草草取代了。拉蘭內清楚要是沒建立常規，不可能成功抗拒

圖9-1：艾森豪矩陣

	急迫	不急迫
重要	執行	安排時間
不重要	指派出去	捨棄

那些死命拉著我們的誘惑，例如看抖音，或一頭鑽進低價值的員工突發狀況。

執行艾森豪矩陣也一樣。要是少了常規，我們抵達辦公室時，電子郵件會撲上來、員工會問：「能打擾一分鐘嗎？」、Slack 視訊頻道會塞爆。一天的時間會花在下面那一排。你向自己保證，明天會不一樣，但結果當然是歷史重演。你沒能好好運用一天，然後賽里諾會告訴你，那你顯然也不會妥善運用這個月。

▋工具 21：規畫儀式

我起初抗拒把一天全都安排好。我說服自己，我有自律能力，又比一般人聰明，別人才需要規範自己。然而，那只是自負和懶惰的想法。我很容易變成看當下的心情做事，沒去做會替股東帶來最多價值的事。此外，我還感到儀式的概念聽起來有點做作，但既然我的日子沒有改

善，不妨嘗試新做法。

　　我嘗試後開始了解，儀式是建立一套新習慣與新做法的基本步驟。這也是為什麼接下來要帶大家看我的日常作息。我的目的不是說服你依樣畫葫蘆，照我的方法做。這裡只是當成例子，介紹如何快速簡單地設計好你的儀式。

　　我嘗試在相同的時間上床與起床。起床後，我會泡相同的咖啡，坐在同一張椅子上，以相同的順序看新聞。我把看新聞的時間限制在二十五分鐘內。接下來，在咖啡的幫助下我清醒了，我完成短暫的冥想。再來是看電子郵件、回覆簡單的訊息，但不讓自己被吸進任何專案，不看附件，或是先不處理需要詳細回覆的訊息。

　　接下來，我會簡單用 Word 文件，畫好五欄表格（表 9-2），規畫今天要做的事。我偏好這種方式的程度，勝過所有我試過要付費或下載的 app 與行程規畫應用程式（我可是試過不少！）。

表9-2：每日規畫工具

日期	戰術聲明	第三季優先事項	深度工作	淺薄工作
6/12				
6/13				

　　首先，我打好戰術聲明（表 9-3）。這個聲明不會天天變，用途是確認我必須採取哪些方法，才能滿足季度優先事項。你會發現我的戰術聲明反映出本書談的子技能，例如先做優先事項和努力說「不」。我永遠不會以省事的方式剪下貼上，因為對我來說，再打一次戰術聲明很重要。接下來，我會填好季度優先事項。我在列出今日要做的工作**前**，先做這兩個步驟，提醒自己什麼事才重要、我想專心把時間用在哪裡。我

表9-3：每日規畫工具

日期	戰術聲明	第三季優先事項	深度工作	淺薄工作
6/12	隨時有可能就打造團隊；持續專注於屈指可數的高影響力目標；有可能時尋求建議；擅長說不。	執行新的獎金計畫。雇用銷售經理。設計離職面談流程。		
6/13				

表9-4：每日規畫工具

日期	戰術聲明	第三季優先事項	深度工作	淺薄工作
6/12	隨時有可能就打造團隊；持續專注於屈指可數的高影響力目標；有可能時尋求建議；擅長說不。	執行新的獎金計畫。雇用銷售經理。設計離職面談流程。	看銷售經理應徵者的履歷。腦力激盪新的銷售佣金計畫。	檢視新租約。打電話給水電工。安排銷售經理的面試時間表。
6/13			替尋找銷售經理寫下面試問題。	取消去芝加哥的機票。判斷誰該加入面試團隊。
6/14			準備聯絡註冊會計師。	

就是這樣隨時把艾森豪矩陣放在心上。

　　接下來，我依據紐波特對淺薄工作與深度工作的區分，填入各項工作（表9-4）。寫下來很重要，即便是你確定絕對不會忘的也一樣。證據強烈顯示，試著記住待辦事項將占據注意力很大一部分，干擾創造力。此外，分類還有提醒的作用，因為待辦事項太多太長時，你會挑挑揀揀

當下想做哪一項，導致過分把時間用在艾森豪矩陣下面那排的工作。寫下待辦清單的另一項好處是減輕壓力，因為一旦放在單子上，就不必擔心會忘掉，也更有信心能在哪個時間完成。

我不打算當天就做的工作，我會先替未來起個頭，安排好後續實際可行的每日清單。遵從醫囑的三十天乳房自我檢查研究顯示，說出自己**何時**會做的研究對象，百分之百遵從醫囑。沒安排時間的人則僅五三％完成自我檢查。另一項相關的研究則請正在接受治療的藥物成癮者，每天都做寫作練習。在行事曆上安排好何時會完成的研究對象，八○％成功做到。**沒**安排時間的人則幾乎無人做到。

接下來，我依據我的時型、事情的緊急程度，以及先做深度工作的原則，排出我打算何時完成各項工作的順序，加以編號（表 9-5。我嚴格遵守這個順序完成事情，不讓自己被低價值的工作吸引，不找藉口拖延不想做的事。

表 9-5：每日規畫工具

日期	戰術聲明	第三季優先事項	深度工作	淺薄工作
6/12	隨時有可能就打造團隊；持續專注於屈指可數的高影響力目標；有可能時尋求建議；擅長說不。	執行新的獎金計畫。雇用銷售經理。設計離職面談流程。	1.看銷售經理應徵者的履歷。2.腦力激盪新的銷售佣金計畫。	5.檢視新租約。4.打電話給水電工。3.安排銷售經理的面試時間表。
6/13			替尋找銷售經理寫下面試問題。	取消去芝加哥的機票。判斷誰該加入面試團隊。
6/14			準備聯絡註冊會計師。	

我喜歡劃掉清單上的事項，而這是有原因的。研究顯示，我們在清單工作上加上一條線的時候，大腦會從短期記憶（active memory）刪除那一項，釋放記憶容量。此外，我們還會獲得微量的多巴胺獎勵，促進遵從性。

星期六是我的放縱日。星期六那天，我愛睡多晚就睡多晚，想做什麼就做什麼，不去管計畫。星期六是我最缺乏效率的日子，但放縱日讓我更容易在一週的其他天遵守規律作息。

大家看到這應該清楚了，每天早上不用幾分鐘，就能完成我的規畫儀式。不需要特殊的 app 或工具，也不需要大幅改造我整體的工作慣例，卻讓我有更多小時發揮生產力，而且對於遵守我的優先事項來講非常關鍵。

▍先吃青蛙

法國作家尼古拉斯・尚福（Nicholas Chamfort）寫道：「如果你的工作是吃一隻青蛙，最好早上第一件事就先吃。如果你的工作是吃兩隻青蛙，那最好先吃大的那隻。」我拖著不去做討厭的工作時，那件事會拖累我的注意力和創造力。每次考慮要做，就跟自己討價還價，找出晚一點再做的藉口，但一再被提醒逃不了，總得在某一刻吃下青蛙。此外，如同詹姆斯・帕克（James Parker）在《大西洋》（The Atlantic）雜誌描述的那樣，我會用各種花招避免吃青蛙：[2]

> 你極力避免做那件事，一直拖一直拖，跑去做其他的五件事，看是打掃家裡，還是運動，或是寫書──不是你現在該寫的那本，但總歸都是書。如果你擅長替自己安排，你將能產出某些事，甚至到達有點專業的程度，但就是不做你該做的事。

　　我發現我盡量在一天中趁早吃青蛙時，不僅最有生產力，也最快樂。只要不會打擾到深度工作的時間，一旦青蛙沒了，我再也不必想著青蛙的事。我感到還不如乾脆點，把青蛙吃下去就對了，獲得劃掉待辦事項的多巴胺，接著享受一天剩下的時間。

▌沉浸的力量

　　傑克・多西（Jack Dorsey）是推特（Twitter）的共同創辦人，他會給每一天定主題[③]，例如星期三是行銷傳播，星期四是開發者與技術。他這麼做的原因是，當你投入單一主題的工作，創意與生產力曲線會往上衝。

　　此外，當你持續鑽研同一個問題，創意流程還會出現複利效應，因為創意腦不同於邏輯腦或數學腦。大腦更接近由短迴路交織成的網，而不是單一路徑，並在意想不到的地方交會，**觸發靈機一動**，帶來關鍵的洞見。這是舉一反三的源頭。先要有之前的洞見，才能帶來下一個，不停觸發不同的神經元，全部加在一起後帶來突破。我們稱之為「創意」，而唯有在付出注意力的期間，你讓大腦的神經元連結同起亮起，串成創意的短迴路，才會發生創意。

　　你的大腦能取得先前刺激的能力，將助**創意**一臂之力，例如你剛才讀到的一段話，或是半成型的點子。這些記憶儲存於神經網絡，仰賴穿梭於大腦邊緣系統（limbic system）的模式或關係。[④] 杏仁核是交換站，如果讓單一主題不斷湧向杏仁核，例如多西一整天都專注於行銷，將能開啟更多相關資訊的通道，製造出短迴路，帶來創意洞見與突破。

　　你不必讓一整天都是單一主題，也或者情況不允許，但你可以把主題類似的工作放在一起做，並排在相鄰的時間。再次以我的當日計畫為例，我會運用神經學原理，把「判斷誰該加入面試團隊」的這項淺薄工

表9-6：每日規畫工具

日期	戰術聲明	第三季優先事項	深度工作	淺薄工作
6/12	隨時有可能就打造團隊；持續專注於屈指可數的高影響力目標；有可能時尋求建議；擅長說不。	執行新的獎金計畫。 雇用銷售經理。 設計離職面談流程。	1.看銷售經理應徵者的履歷。 2.替尋找銷售經理寫下面試問題。	5.打電話給水電工。 4.安排銷售經理的面試時間表。 3.判斷誰該加入面試團隊。 6.取消去芝加哥的機票。
6/13			腦力激盪新的銷售佣金計畫。	檢視新租約。
6/14			準備聯絡註冊會計師。	

作，調整成和「寫下銷售經理面試問題」的深度工作接在一起。

　　同理，雖然面試題目不會立刻派上用場，但看完應徵者的履歷後，立刻寫下面試要問什麼是合情合理的做法。不僅能避免隔天不必要地重看一次履歷，還能運用沉浸的力量，幾乎絕對能問出更有洞見的問題。把面試計畫這樣放在一起，提升了我的工作**品質**，去掉了不必要的作業轉換，省下時間，讓時間的**量**變多——有了多出來的時間，就能把隔天的「取消芝加哥班機」挪到今天。

▍完成比完美重要

　　Facebook 母公司的前營運長雪柔・桑德伯格（Sheryl Sandberg）有一句名言：「完成比完美重要。」道理如同我們逃避吃青蛙，我們還會被喜歡的工作吸引，而且通常會花太久的時間。如果要了解桑德伯格強調

圖 9-7：完成 vs. 完美曲線

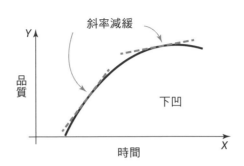

的重點，可以想想下圖的曲線，x 軸是花在一件事的時間，y 軸是最後做出來的品質（圖 9-7）。曲線斜率最終會減緩，多增的努力，不會帶來多少價值——也就是報酬遞減。但由於我們享受做那件事（或是不想做清單的下一項），我們會浪費時間繼續做。

以我自己的例子來講，我享受寫作——就連寫電子郵件也開心。我經常編輯與調整一些小地方，試著寫出完美的電子郵件，但最終收信的人只會匆匆讀過去。我辛辛苦苦寫下媲美文豪海明威的文字，只不過是放縱自己自娛自樂。問題出在我的人性弱點。我需要護欄阻止我做蠢事。因此我通常只給自己一定的時間，做我知道我會樂於做的工作。

▎記得要思考

IBM 一度是全球最重要的科技公司。湯瑪士・華生（Thomas Watson）在接掌 IBM 之前，在競爭對手方擔任資深管理者。他在一場缺乏生產力的銷售會議上，忍不住大吼：「我們每一個人的問題，在於**思考**得不夠多。公司付錢要我們**動腦**做事。」他在白板上用全大寫寫下

「THINK」（思考）。思考成為他的工作哲學的重要堡壘，他日後接掌 IBM 時，公司雜誌直接命名為「THINK」。

我在擔任 Asurion 董事時見證過這種做法。Asurion 逐步成長到在十四國有二・三萬名員工。成功的動力包括執行長凱文・塔威爾（Kevin Taweel）致力於確保自己有時間**思考**。凱文知道「不把有做事當成有進展」的重要性。一直到了今天，他依然認為他的關鍵工作職責，包括把腳翹在辦公桌上凝視著窗外。

找出時間**思考**有可能很簡單，例如排隊等咖啡時，不要查看手機有沒有訊息。或是閱讀一份報告後，給自己時間思考剛才讀到什麼。踏進開會地點前先停一下，整理好思緒。急著從一個地方趕往下一個地方，或許會讓你感到像是重要的成功人士，但那是在表演很忙的辦公室劇場。你最重要的工作，通常發生在開車回家的路上、散步或凝視窗外。

▌最後再補充一點……

我沒期待各位要完全照我的方式組織一天。你可以不用早上先打好戰術聲明或冥想。不過，如果想持續讓順利的一天變成順利的一個月，你的工作流必須納入共通的元素。相關的子技能包括制定每日計畫、利用儀式與常規、先吃青蛙、把類似計畫放一起、挪出深度工作時間、避免作業切換、找出時間**思考**，以及記住完成比完美好。

一旦全部做到後，我發現還有意外驚喜。日子變成有深深的滿足感，更讓人心滿意足。換句話說，我變快樂了。我有更多時間過工作以外的生活。不僅是時間算起來變多，專注力也提升。我晚上和朋友聚餐時，不會趁大家點菜時收信。我讀的書變多了。我規律運動。我可以百分之百專心和孫子玩。在此同時，我知道我的日子管理得很好，我的工作完成了，這個月八成會很順利。

　　沒妥善運用時間，等於是在賤賣一部分生命。哲學家梭羅注意到這種低價值事務（他稱為『事情』）對靈魂的損傷。他認為我們最重要的財產就是時間。魯莽地把我們的一天交換出去，等同放棄一部分的人生──或是如他筆下所言：「我會說一件事的代價是生命的量。生命必須立刻或在長期交換出去。」

▎本章重點摘要：日日好，月月好

一、時間不是可再生資源。規畫好每一天，沒有例外。

二、負責控制情緒的杏仁核，過度重視眼前的事（新鮮事物和燃眉之急）。

三、把要做的事放進艾森豪矩陣：

	急迫	不急迫
重要	執行	安排時間
不重要	指派出去	捨棄

四、建立儀式，你才會持續規畫每一天。

五、每天寫下你的個人戰術聲明與季度目標。

六、把工作分成淺薄工作與深度工作。

七、依據你打算做的順序，替工作標好數字。安排時要考量你的時型。

八、寫下未來工作的啟動時間，就不必惦念那件事，你知道何時會完成。

九、運用沉浸的力量：把類似的工作放在同一個主題下。

十、先吃青蛙。

十一、挪出**思考**時間。你會在那段時間替組織帶來最大的價值。

十二、記住：完成比完美重要。

第 10 章

解決數位災難

如果你故意逃避做該做的事，一天很容易消失。

——比爾·華特森（Bill Watterson），美國知名漫畫家

　　在資訊大多抵達郵箱、而不是電腦或手機的年代，一般高階主管每年大約收到一千份通訊。今日那個數字上升到三萬！[①] 我們一天要花枯燥五小時處理電子郵件[②]，即便其中四成我們不認為有意義。換句話說，我們每天光是處理不必要的電子郵件，就浪費兩小時，而且這還沒算上簡訊、語音信箱與其他的協作平台。科技理論上會替我們節省時間、提高效率，卻成為綁住我們的沉重生產力腳鐐。

　　隨著通訊變方便，成本驟減，我們太容易把試算表或三十頁的 PowerPoint 簡報，一下子寄給十二個人。我們愈來愈把生產力，定義為能多快回覆塞滿他人請求的收件匣，而不是去做我們明知重要的事。菁英顧問公司麥肯錫有一篇標題問得好的文章：「如果我們全都這麼忙，為什麼沒完成任何事？」（"If we're all so busy, why isn't anything getting done?"）文中指出：「現在是史上互動最簡單的年代，但不是具有生產力

與創造價值的真誠協作年代。」此外，就算投入了，也心不在焉，等於浪費寶貴的資源，因為花在低價值互動的每一分鐘，全是在消耗時間，原本能從事發揮創意、影響力大的重要活動。③

　　有好幾年的時間，我把這些干擾視為無法避免的現代詛咒──直到我讀到哈佛商學院做了研究。研究團隊在三個月期間，追蹤二十七名高績效的執行長④，以十五分鐘為單位，分析他們如何運用一週七天、一天二十四小時的時間，最終得出六萬小時的數據。研究人員發現，最有效率的執行長態度堅決，絕不讓電子郵件和其他形式的數位通訊，奪走他們的時間與注意力。我深入挖掘後發現，那些執行長不是靠和現代世界切斷連結做到，而是運用幾個相當簡單的習慣與做法。

▎多巴胺與持續性局部注意力

　　注意力計畫（Attention Project）的創辦人琳達・史東（Linda Stone）寫道：「注意力是人類精神最強大的工具。」史東的研究帶她發現幾個她稱為「持續性局部注意力」（continuous partial attention）的概念，破除同時做好幾件事的常見多工（multitasking）迷思。首先是了解認知與機械式作業（mechanical task）的差異。⑤一邊攪拌湯，一邊講電話是多工的例子。一邊聽播客，一邊踩跑步機也是。在這兩個例子，我們同時完成兩件事的時間，有辦法等於只完成一件的時間。然而，這是因為兩項工作中，一個是認知作業，另一個是機械式作業。

　　相較之下，如果同時完成的兩項都是認知作業，例如一邊開會、一邊看電子郵件，其實是不可能的行為，因為我們只有一個額葉（frontal lobe），大腦會以串聯的方式處理認知作業，不可能並聯處理。我們可能自認是在同時處理兩個認知活動，但實際上是飛快在兩個作業之間切換（電光石火的**作業切換**）──這麼做既缺乏效率，還會妨礙我們專心。

不同於一邊講電話一邊攪湯，你無法同時又講話又聽別人說話，或是在算數學時寫作。一心二用不是有辦法學的技巧。你的額葉一次就是只能發送一個認知訊號。

我們讓自己相信，一次做兩件事會增加效率，但我們其實主要是靠多巴胺讓自己不斷切換。我來解釋給大家聽：多巴胺是一種讓心情愉悅的神經傳導物質。大腦在預期獎勵或獲得獎勵時，例如巧克力、大拍賣或性愛，就會釋放多巴胺。此外，多巴胺也會帶來清醒、專注與動力。這就是為什麼會提升大腦多巴胺濃度的藥物阿德拉爾（Adderall），成為大學校園熬夜讀書的嗑藥選擇。我們從回簡訊或甚至只是刪除垃圾訊息中獲得的滿足感，也會釋放多巴胺。當我們感到無聊，或是工作讓人提不起勁，我們跑去收信。這麼做會獲得滿足感的原因，不是因為我們完成有助益的事，而是餵了自己微量的多巴胺。

八四％的人永遠開著電子郵件應用程式[6]，讓自己在開會、閱讀四十頁的枯燥租約，或是制定新型健康照護方案時，注意力永遠可以放在別的事情上。這就是為什麼我們會跳過麻煩的電子郵件，只讀可以簡單處理的：刪除垃圾郵件、點閱新聞連結，或是回一兩封信。此外，多巴胺也能解釋為什麼我們明知不禮貌，但吃晚餐收到簡訊時，還是會忍不住想看上面說什麼——即便坐我們對面的人正在講話。不論是電子郵件、簡訊或 Instagram 貼文，社會連結會刺激多巴胺：**有人正在與我連結……感覺真美好**。

然而，多巴胺當下讓人有美好的感受，卻不會替組織帶來多少價值。莎拉・派克（Sarah Peck）在《哈佛商業評論》總結：「我們會因為快速發送訊息給別人，感到自己很重要，而不是花時間琢磨點子。我們沒要求自己想出辦法，而是把工作塞進別人的行事曆。」[7]

一天多八十分鐘

市面上可供購買與下載的 app 與軟體多不勝數，每一個都說能解決其他生產力 app 與軟體造成的生產力破壞：那些我們已經買過和下載的。然而，如果要處理剪不斷理還亂的這一切，方法不是購買更多科技，而是簡化——這是我閱讀二十七位高效執行長的哈佛研究後得出的結論。最新的工具與 app 進一步把通訊弄得更複雜，而最頂尖的管理者不會忍受這一切。他們全都和我們接下來要談的一樣，採取某種版本的立即見效的四個小改革。以我來講，我因此額外獲得八十分鐘的高品質時間——天天如此。

減少看訊息的頻率

我曾經聘請前美國陸軍上校，擔任公司的區域副總裁。他先前的豐功偉業包括和資深的軍事將領團隊，一起籌備入侵伊拉克。有一次聊天他告訴我，他一天只收三次信。我覺得也太少了吧，畢竟大部分的人會在電子郵件一寄達的六秒內，就打開七成的信[8]，一天解鎖手機八十次。[9] 我問他收信的頻率那麼低，怎麼有辦法設計出複雜的軍事行動。他乾巴巴地回答：「我寄出的信，沒有一封不需要至少花三小時才能回覆。我們要規畫的可是入侵。」

不斷查看電子郵件或其他的協作工具，主要是在逃避深度工作或不想做的事。這麼做的代價是讓自己切換作業，放棄沉浸的好處。不過，只要採取兩個與控制環境有關的簡單步驟，就能大幅減少我們查看訊息的頻率。

首先，關掉提醒你有新信件、簡訊與其他數位訊息的通知。那種提醒是我們無法抵抗的多巴胺妖怪在大喊：「停下你在做的事，快點看

我。」與其假裝你會動用意志力對抗這個怪物，還不如關掉通知，控制你的環境。

進一步控制環境的方法是回覆訊息後，就關掉電子郵件與各種協作應用程式，接著設定好再次查看的時間。我的目標是一天收信四次，早上醒來先收一次，在上班期間收兩次，最後在一天的尾聲再收一次。這樣一來，不會有任何信被晾在一旁三小時以上。如果對你來說，這個要求不太可能做到，那就先一小時收信一次就好，而且看完後永遠關掉應用程式。回覆訊息時，觀察如果多等一小時，結果是否產生變化。我猜你很快就會發現，一天收四次信其實就夠了——畢竟有入侵任務等著你規畫。

狠下心取消訂閱

垃圾郵件的英文「spam」原意是午餐肉，典故是巨蟒劇團（Monty Python）一九七〇年的喜劇小品。有兩名顧客在一間滿是維京人的餐廳，試著選想吃的早餐，但菜單上的每一項餐點都包含 spam，就連法式焗烤龍蝦也有放。在那個小品，就算你不想要，spam 也無所不在，避都避不開。

在過去的歲月，我並不煩惱被強迫餵食電子版的午餐肉，因為按下刪除鍵花不了多少時間。然而，在寫這本書的時候，我決定追蹤自己的行為。我發現垃圾郵件的提供者很有一套。比起刪除，我更常上鉤——我因此耗費的時間會累積起來。我點選的新聞快報通知，沒帶我看刻不容緩的重大新聞事件，而是要我放下工作，去看他們的廣告行銷手法。我點進去後，他們會盡量用照片、影片、其他連結與相關新聞留住我。以我來講，我一天會被引導看三十七分鐘的垃圾郵件！

我猜才三十七分鐘算幸運了。二〇二〇年的時候，美國人平均一天

待在社群媒體的時間是一百四十七分鐘，跟二〇一二年的九十分鐘相比是驚人的增長。[⑩] 那是因為這些干擾正在變大聲，也更有效。知道這件事很重要，因為要治療網路成癮的話，最重要的步驟就是承認背後有利益的力量在奪取我們的注意力。我們愈來愈成為現代版的實驗室老鼠，壓下釋放多巴胺的矽谷踏板。社群媒體商人的手段十分高明，追蹤我們按下的每一個鍵，分析是什麼造成我們在他們的網站逗留。如同喬許·馬歇爾（Josh Marshall）在《大西洋》寫道：世界上有著「長期的刊物過度供給，追逐著固定的廣告預算。」[⑪] 換句話說，逐利的軍備競賽要我們停止做有生產力的工作，跑去看廣告。

我們不是矽谷人才團隊的對手。他們就是靠這個吃飯：找出數位的辦法，拍拍我們的肩膀，問我們：「能借個一分鐘嗎？」你唯一的選擇就只有**控制環境**，刪除新聞訂閱的通知，狠下心取消所有的訂閱，只留最基本的電子郵件清單。

我做到了。今日的我只在行事曆排好的時間看新聞。我只在有需要的時候才購物，而不是演算法找到東西賣我的時候。我抗拒閱讀最新的部落格、貼文或電子報的誘惑，如果與我的優先事項無關就不看。我不手軟地取消訂閱後，今天明天後天，每一天都拿回三十七分鐘的生命。

▌工具22：刪除、回覆、晚點再處理

需要回覆或行動的電子郵件，據估三七％在僅被部分閱讀後，就被擱置或或擺在其他時間再處理。[⑫] 數位通訊是最適合執行 OHIO 原則的領域。依據《哈佛商業評論》的估算，未能一次搞定信件讓我們每天多耗二十七分鐘：[⑬]

收件匣亂七八糟爆滿時，結果就是每次看信都得重來一遍。我

們就是忍不住：如果信在那，我們就會讀……如果一天查看收件匣十五次，一封信只花四秒鐘看（閱讀一般的預覽內容所需的時間），接著又只重新閱讀其中的一成（一般的電腦螢幕能顯示的訊息數量估算），一天就會損失二十七分鐘。

每一封電子郵件的正確處理方式有三種——就三種：**刪除、回覆**或**晚點再回**。先試著刪除或回覆，但如果是一定得晚點再說的信，也不要讓它們就那樣待在收件匣，一直煩你，一天總共耗掉你二十七分鐘。在你的待辦清單上，安排未來要處理的時間，或是使用 Boomerang、Superhuman 或 FollowUpThen 等電子郵件應用程式，把信延遲到你有信心能完整回覆的時間。

▋工具 23：有效處理電子郵件的五個原則

在你的組織培養文化，清楚聲明大家要有效運用電子郵件與協作工具。記得堅持五個簡單的原則：

一、只加能依據資訊行動的收件人，或是有必要了解信件內容的人。電子郵件輕鬆就能加大量收件人，但這不是藉口。不要強迫別人浪費時間讀他們無法做點什麼的郵件。

二、在按下「回覆所有人」之前，檢視收件人清單，刪去信中資訊不實用或無法採取行動的人員。

三、除非有必要提供完整內容，要不然永遠不要寄送未經編輯的附件。舉例來說，如果只有幾頁 PowerPoint 簡報是相關的，那就只寄那幾頁就好，或是說明該看第幾頁。

四、如果郵件串後來開始討論新主題，那就建立新的電子郵件與主

旨欄標題。冗長的電子郵件串會讓讀的人不得不重看先前的郵件，卻只替寄件人省個幾秒鐘。懶得重打正確的收件人清單或新的主旨欄標題，屬於自私的數位行為。

五、如果你只需要一個回覆就夠了，那就不要問好幾個人同一個問題。數位「搶答」會讓寄件人的人生輕鬆，卻是在濫用別人的時間。

以上的五條電子郵件效率規則，不是什麼具有爭議的議題，不用兩分鐘就能讓組織上下都執行：方法是把這一頁的照片，寄給你所有的團隊成員。

┃最後再補充一點……

麥可・曼金斯（Michael Mankins）、克利斯・布拉罕（Chris Brahm）、葛瑞格・凱米（Greg Caimi）在《哈佛商業評論》提到低成本通訊的不良後果：「隨著一對一與一對多通訊的增量成本下降，互動數量急速暴增……如果放任這股趨勢，高階主管很快就會每星期光是管理電子通訊，就要花超過一天的時間。」[14] 那一天已經來臨。

關鍵因此是你必須發動**整個**組織一起努力。你掌控了自己的電子通訊是一回事，想一想在這個競爭的世界，如果整個組織一起來，你能帶來的影響。你在努力勝過對手時，有效的電子通訊能成為競爭武器。如果你管理著高績效團隊，那麼一星期有三分之一的工作時間，競爭對手在看新聞快訊、追蹤好萊塢八卦，以及在重要會議上偷瞄簡訊，你的團隊則在完成工作，在市場上擊敗對手。

▎本章摘要重點：解決數位災難

一、我們不可能同時投入兩件認知作業。快速的作業切換不是多工作
　　業。

二、不要誤把多巴胺興奮當成生產力。

三、限制一天查看郵件四次就好。不收信的時候，關掉電子郵件軟體。

四、關閉通知，大刀闊斧解除訂閱電子郵件清單。

五、使用電子郵件與協作平台時，只有三個動作選項：刪除、回覆或晚
　　點再說。這是數位版的 OHIO。

六、讓組織上下建立起有效數位通訊的文化。把有效處理電子郵件的五
　　個原則，寄給組織成員：

　　a. 只放需要知道或是能依據資訊行動的收件人。

　　b. 在按下「回覆所有人」之前，先檢視收件人清單。

　　c. 不要寄送未經編輯的附件。

　　d. 如果主旨變了，重寫新的電子郵件串。

　　e. 如果只需要一個回覆，不要問好幾個人同一個問題。

第11章

舉行理想會議七步驟

任何人要是有辦法既安全駕駛，又能親吻漂亮女孩，顯然他根本沒認真在親。

—— 愛因斯坦（Albert Einstein）

會議比預定的時間晚開始，接著又超時。與會者聽到近況更新一點都不新。發言的人講太久，簡報內容顛三倒四，重複同樣的話。視訊的人假裝認真在聽，但試圖偷看電子郵件。會議最後沒做出能推動進展的決定。艾美·波賽爾（Amy Bonsall）在《哈佛商業評論》寫道：「會議已經病入膏肓」，而自從全球爆發 COVID-19 疫情之後更是雪上加霜：[1]

工作在二〇二〇年轉移到線上後，就發生了一些事，辦公室再度開放後，問題也沒解決。每次與同事的互動變成視訊會議，我們的日子變成商業版的俄羅斯方塊遊戲：我能把這場會議或那場會議插在哪裡？而且俄羅斯方塊關卡還愈變愈複雜。

　　貝恩策略顧問公司（Bain & Company）所做的問卷調查顯示[2]，高階主管每星期花二十三個小時開會，其中超過五成被視為「缺乏效率」或「非常缺乏效率」。[3] 即便在尚未發生疫情之前，事情就在惡化，會議時間每星期增加超過十小時[4]，原因是共享行事曆與行事曆規畫工具，讓人更容易安排會議，擬出更長的出席名單。今日無處不在的視訊會議與手機，讓今日的我們在召開會議時，更是不必顧及交通的限制。

　　事情不必是這樣。桑德伯格與傑夫・貝佐斯（Jeff Bezos）等領袖，極度小心召集團隊的時間與方法。他們使用七個簡單的步驟，全部一起執行時絕對能壓縮你的開會時間，而且大幅提升會議的生產力。

▌工具 24：舉行理想會議的七步驟

一、要有目標
　　大部分的會議只不過是近況更新，報告過去發生的事，僅一小部分的時間，用在與未來有關的決定（圖 11-1）：

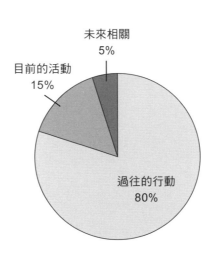

圖 11-1：會議時間

未來相關
5%

目前的活動
15%

過往的行動
80%

　　解決方法很簡單：讓每一場會議從回答這個問題開始：「我們要來解決什麼問題，或是我們試著抓住什麼機會？我們每一個人如何能出力？」如果組織沒答案，八成是在把寶貴人才找來浪費一小時。我們來看這個簡單問題能發揮的力量：

> 今天的開會目標是解決出貨延遲的問題，讓公司有辦法準時出
> 貨。我們希望散會時能得出方案，讓準時的出貨增加一七％，
> 還要列出清單，定好由誰負責哪件事。

　　這段陳述讓會議聚焦於特定**目標**。會議發起人這下知道，呈現背景資訊與討論過去的結果時，只能放與解決問題有關的部分。如果人們總是在會議上講古、重複自己說過的事，或是提供不必要的資訊，強調目標能讓會議更專注於未來的行動，不讓對話漫無目的地進行。縮小關注範圍能協助把一小時的會議，濃縮成高影響力的四十分鐘。

　　呈現背景資訊、討論過去結果時，要思考如何最能傳達那個資訊。相較於提供會前備忘錄等替代方案，正式開會時才報告背景內容的話，通常比較耗時，效果也比較差。報告人如果沒花時間整理這一類的備忘錄，在出席時準備不夠充分，將會花太多時間講解背景資訊。Netflix 的解決辦法是直接要求事先以備忘錄的形式，繳交所有的材料。眾人共聚一堂時，不是來聽報告，而是來對話與解決問題。初步的數據顯示，這麼做讓會議數量下降驚人的六五％。⑤

二、選好真正需要出席的人

　　輕鬆就能增加出席者是生產力的大敵，尤其是現在手機與視訊科技這麼方便。負責安排會議的人隨便按個幾下，就能添加出席名單，根本沒想到這麼做是在消耗組織最寶貴的資源。組織常會能想到叫誰去開

會，就全部加進去，卻不是問：**我如何能動用最少的人，就順利完成會議目標？**

不問這個問題，不但是在濫用資源，還會反過來減少會議效率。通常人數愈多，決策品質就愈低。此外也要考慮到，不是每一位與會者都需要參加整場會議。你可以調整議程表，讓同事能只參加和自己有關的時段，只要換主題後就放他們走。

Google 的共同創辦人賴利・佩吉（Larry Page）要求，每個來開會的人都必須踴躍發言。這是最能確保不會出現不必要與會者的方法。曾經有學生挑戰我這件事，他認為增加在一旁觀察的出席者，將能協助培養長期人才，增加共融（inclusion）。然而，如果目標是這樣的培訓，你該做的其實是特意鼓勵或要求當事人參與和發表意見，接著在會後討論學到的事。強迫團隊成員參加不必要的會議，呆坐著不說話，這種事讓人煩躁，而且會培養出與行動對立的企業文化。

三、事先準備好背景備忘錄

貝佐斯對亞馬遜的要求和 Netflix 類似，要求每一場會議必須始於會議召集人寫下的**背景備忘錄**。這樣的備忘錄必須簡潔，有效定義開會目的，只提供符合那個目的的必要資訊。事先要求備忘錄能壓縮會議時間，突出簡報主題。眾人在抵達會議現場前，就已經得知背景資訊，準備好討論共同目標。

準備備忘錄時，要避免選用視覺技巧比內容重要的格式，例如 PowerPoint。這種格式經常造成同一頁塞滿不相關的條列式重點與圖示，沒必要地複雜，又很難讀。你要強迫會議召集人抗拒讓大家印象深刻的誘惑，不把力氣用在炫耀密密麻麻的數據。避免放上原始數據，只放為了推進會議目標有必要報告的數據——如果要展現自己對主題很熟，方法是示範如何用**小而美**的數據，就達成開會目標，而不是拋出**滿**

坑滿谷的數據。

四、選擇會議主持人

甘迺迪總統面臨蘇聯在古巴部署飛彈時，找軍事幕僚、內閣成員與其他政府官員來開會。甘迺迪知道如果他親自主持會議，眾人會以他馬首是瞻。為了確保得出最佳決策，甘迺迪刻意安排讓所有的會議成員，全都能平等參與 [6]，不受軍服翻領上有幾顆星影響。甘迺迪不想讓任何人因為出於禮貌，同意總統講的話，因此另外找人主持會議。

會議主持人要負責控管流程，但不一定是拍板定案的人。這兩個職責可以分開。通常由較資深的同事來主持會議，能帶來品質較好的問題解決。不親自主持每一場會議，還有進一步的好處：如果你想建立龐大的機構，你將需要指導與訓練領導團隊。如果你偶爾把主持會議的職責交給其他人，觀察他們開會的效率，就能指導與培養他們的會議技巧。

主持會議是一種技能。傳授與培養相關的技巧是你身為領導者的責任。舉例來說，最屬害的會議主持人知道，如何維持緊湊的步調，但又不會澆熄大家參與的熱情。長篇大論的與會者會浪費每一個人的時間，吸光在場所有人的精力。此時主持人必須有膽量說出：「我認為你已經把那點講得很清楚。除非你還要補充別的事，要不然換羅賓發言了。」如果是有用的想法，但沒按照發言順序提出，主持人可以把那些想法先擺在「停車場」（parking lot），稍後再來討論。

技巧純熟的主持人會引導比較不肯發言、或是提出相反觀點的與會者，讓他們多說一點。有時方法很簡單，就是點名話不多的人發言，或是提起先前有人提到的論點，例如：「桑吉夫，剛才的那段發言，聽起來跟你之前提到的論點相反。我認為這點相當值得注意。如果換作是你，你會如何解決……？」

你需要確保開會的時候，主持人重視良好決策的程度高過社交禮

儀。你可是有組織要管理。這句話的意思是你得願意挑戰點子，推團隊一把。如同不相互督促的運動隊伍無法贏得比賽，組織的決策也一樣。貝佐斯寫道：

> 對於無法苟同的決策，領導者應當不卑不亢地提出質疑。即便這樣做會讓人感到不悅或疲於應付。領導者應當意志堅定，不輕易動搖。他們不會為了保持社會凝聚力而輕易妥協退讓。[7]

同樣的，主持人必須知道何時該結束會議——答案不是原本安排的時間到了。會議如果有生產力，獎勵不該是把省下的時間，胡亂塞進新主題，而是允許大家提早散會。臉書的桑德伯格會在每場會議的開頭，提醒團隊這場會議的目標，一一寫在白板上，每完成一項就劃掉。全部劃完後，會議就結束了。

五、釐清問題

展開任何的討論之前，大家需要先對事實有共識。前美國參議員丹尼爾·莫尼漢（Daniel Moynihan）有一句名言：「觀點可以因人而異，但真相不能。」[8] 在會議的開頭時，先請大家提出**釐清事實的問題**。逐一點名，讓與會者依序發問，每個人都有機會釐清想知道的事，不會有人感到有必要打斷別人的問題。

此時不是深入研究點子、創意或建議的時間，只是要弄清楚背景備忘錄上寫的任何事。主持人因此必須控制好對話，不讓發問變成提出看法或開始討論。你的團隊還在習慣這個步驟時，主持人將必須在所有釐清事實的問題都問完前，制止急著提出意見、創意或建議的人：

> 齊汗，在我們進入討論前，先讓大家問完釐清事實的問題。我

會寫下你的意見。等我們這部分全部問完後，首先就會討論你說的話。

六、前進到想法與意見

現在團隊已經了解此次的開會目標，也有機會詢問釐清事實的問題，準備好做出有效的未來決策。此時主持人可以開啟自由對話，或是允許每個人被點到時發表意見。最常見的方法是允許每個人自由發言，但這麼做有可能導致不均等的發言，例如資歷較深的與會者——或是更有自信的人——發言時間將多到不成比例，減少大家把心中所有的好點子或質疑都提出來的可能性。

為了不讓聽見多元想法的機率下降，主持人可以選擇把發言的順序，定成從最資淺到最資深（一般會反過來），避免與會者說出的話，是他們認為上司會想聽到或同意的話，或是避免與會者支持他們猜測上司想做的決定。

作家恰克·帕拉尼克（Chuck Palahniuk）說過，聆聽不是等著輪到你說話。然而，如果會議形式讓大家必須搶著發言，很難避免這種情況。這也是為什麼如果會議流程能讓與會者知道，主持人會先邀請每一個人都參與討論後，才換成下一個主題，那麼在別人發言時，大家就能全神貫注聆聽，不會把部分的注意力放在抓準時機插話。在換主題之前，先讓主持人問所有人的意見，確保每個人都有機會提出想法，減輕必須抓準時機開口的壓力，更專心聽別人提到的重點。

七、摘要會議

主持人必須把對話引導到得出會議目標的結論。也就是說，在進行另一個主題或結束會議前，主持人必須摘要他們認為大家剛才決定的事，接著向每一個人確認是不是這樣。這個步驟只需要幾秒鐘，但對成

功來講很關鍵。

　　會議結束後，會議發起人應該做後續的追蹤，提供簡短的書面摘要（一般採取電子郵件或精簡備忘錄的形式）。通用汽車（General Motors）最有影響力的領導者史隆（Alfred Sloan），用簡單的格式製作備忘錄：[9]

- 決定了哪些事？
- 要執行哪些行動項目？
- 由誰負責那些行動？
- 要在什麼日期完成？

　　這種備忘錄不是會議摘要——沒人有時間一一看誰說了什麼，重點是這四個簡單問題的答案。寫下來可以減少大部分的誤解，建立每場會議都會帶來行動計畫的企業文化。用幾個關鍵句子，就能摘要說明與未來有關的資訊。

▌最後再補充一點……

　　建立舉辦會議的常規，需要整個組織一起配合。然而，雖然幾乎人人都同意開會變成一種擾民的事，人們通常會抗拒有架構的會議。

　　請挑戰這些抗拒。缺乏效率的會議源自於懶得準備。如果只改善無關痛癢的流程缺點，代價太高了。你必須要大家承認，你們目前的開會方法有問題，接著要求每個人用一百天，嘗試應用本章介紹的七個概念。不要爭論步驟；只要接受你們目前的做法有問題，把這些步驟當成新的基準。

　　團隊有可能做著做著，又想回到從前令人沮喪的習慣。請抗拒那個

誘惑。團隊需要親眼見證七個步驟的好處,才知道該如何改變。一百天後,和團隊一起討論,決定是否有需要調整的地方。接下來,把你們最終版的會議設計原則,加進日常的工作習慣,堅持做下去。

▎本章重點摘要:舉行理想會議七步驟

一、定義此次開會的目標。「你們想解決什麼問題,或是想捕捉什麼機會?每一位與會者如何能助一臂之力?」

二、謹慎挑選出席者。「我如何能找來**最少的人**,就順利達成會議目標?」

三、準備好簡潔的背景備忘錄。內容比花俏的風格重要。只放與會議目標有關的數據。

四、挑選會議主持人。他們負責會議流程,但不一定是拍板定案的人。

五、確認大家知道的事實是一樣的。利用背景備忘錄與詢問不確定的地方,確保每個人都了解狀況。

六、接著是聽取眾人的想法與意見。你要讓每個人都能參與對話。此時可以考慮採取從資淺到資深的發言順序。

七、在每個主題的討論尾聲,以口頭方式摘要行動項目,並在會議結束後,立刻提供簡潔的書面摘要。請採取以下的形式:

決定了哪些事?

要執行哪些行動項目?

由誰負責那些行動?

要在什麼日期完成?

第12章

委派工作

真正的馬術高手會立刻讓馬兒知道誰是主人，但接著就以放鬆的韁繩馭馬，很少動用馬刺。

——珊卓拉・戴・歐康納（Sandra Day O'Connor），
前最高法院大法官

在開發中國家，泥地是主要的疾病來源。病原體會在土壤中生存，灰塵是引發呼吸疾病的主要原因。蓋雅翠・達塔（Gayatri Datar）下定決心改變這種情形。她和同學組隊，取史丹佛附近乾涸的湖底泥巴做實驗，發現有一種鋪地板的流程，只需要混凝土的零頭價格，就能封住泥土地。蓋雅翠即將改變十億人的生活。

蓋雅翠搬到東非盧安達，成立社會企業 EarthEnable，在當地鋪設有助於健康的平價地板。有兩年時間，她增加進度的方法是廢寢忘食，能工作多少小時，就工作多少小時。蓋雅翠誤以為委派工作（delegation）的用途是減輕自己的工作量，因此把部分的工作交給別人。然而，別人做的工作讓她不滿意時，她通常會收回來自己做。

可想而知，EarthEnable 的成長出現停滯，未能達成目標，因為蓋雅翠的做法無法擴大規模。只有一個蓋雅翠，如果 EarthEnable 要能觸及數百萬弱勢家庭，她需要從根本上改變領導風格。蓋雅翠從盧安達的家打電話給我，她提到：

> 一開始我自己當司機，自己聯絡泥水匠、自己製作亮光漆與上漆。我打造事業的各面向，超級好玩，但現在我了解，事業成長需要你停止親自產出，改把力氣用在建立組織上。

▎管理主管

許多崛起中的領袖在待辦清單愈變愈長的時候，他們的因應之道是加倍工作，延長工時，努力什麼都做。然而，管理與做事不一樣。隨著組織擴大，加快個人的速度有一定的極限，尤其是如果你的職責一下子轉換成管理主管。我來解釋一下。

大部分的人踏入職場時是獨立貢獻者（individual contributor），意思是我們的成功與否，主要完全看我們的獨立產出——例如一次精彩的簡報，或是成交一筆生意。我們有多少價值，要看我們個人的聰明才智與努力程度。某種程度上，我們願意工作多少小時也是評估的標準。

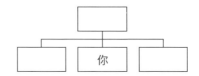

即便必須管理一個部門或小型團隊，通常投入更多工時就能完成挑戰。舉例來說，如果你不滿意直屬部屬準備的簡報，你可以在辦公室熬

夜重做。

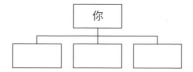

然而，一旦你必須管理主管，再怎麼努力也會分身乏術。

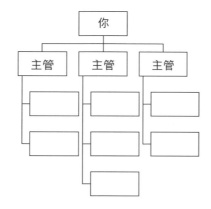

此時別人做不好的，你已經不可能替他們做。此外，即便你還真的有這個力氣，也不能照三餐越過你下面的主管，替他們的直屬卜屬完成工作。所以如果要建立能持久的組織，只有一個辦法——你必須學會委派工作。

▍技能、能力與能做多少事

蓋雅翠學習如何委派工作後，EarthEnable 脫胎換骨。蓋雅翠有很好的產品，她唯一需要做的，就只有找出如何能擴大組織的規模。蓋雅翠

開始了解，委派工作的重點不是把雜事丟給別人，而是擴展組織能做多少事的能力。

委派工作的第一件事，將是區分眼前的**任務**（task）與完成那件事所需的**技能**（skill）。舉例來說，想像你的玩具店打算舉辦一次性夏季大拍賣，你需要替這次的優惠活動規畫人力。這屬於一項任務。然而，完成這個任務的技能，包括建立試算表、檢視過往流量、分析歷史銷售後做出預測。

如果你錯過和家人共進晚餐，自己跳下去做，當然人力安排計畫會更快出爐。然而，你將因此錯過在組織內培養相關技能與擴大規模的機會。組織裡的人如果學會了，還能延伸到其他任務，例如安排假日班表、年度營運計畫、決定星期日是否要延長營業時間，最終替十二間玩具分店安排好人力，而不只是一間——訓練大家替夏季大拍賣規畫人力，可以連帶地教會很多事。

由於委派新技能會花的時間，通常比你親自做還長，你需要判斷投資這個時間是否會替組織帶來足夠的報酬。方法是評估在六個月期間，你將應用那項技能的次數與時數。如果答案是十小時，那麼依據**六個月原則**（six-month rule），你會願意多花十小時教其他人那項技能，不再自己做。

此外，委派也是評估團隊成員**能力**（capability）的工具。如果你正在決定是否要把旗下成績最好的銷售人員，提拔為銷售經理，那麼可以利用委派這項工具，判斷這個人是否準備好升遷。我們在史丹佛舉的例子是食品製造商特朗尼（Torani，這間公司提供全球飲料使用的糖漿與調味劑）。執行長梅蘭妮·戴貝寇（Melanie Dulbecco）打算在銷售部挑一個人，升為副總裁。她向史丹佛學生解釋，自己是如何運用委派的概念，把幾個專案交給內部的升遷人選，並很快就在過程中判斷，誰已經做好最完整的升遷準備。[1]

▎工具 25：SCS 原則

SCS 是「明確、共創、支持」（specific, co-create, and support）的縮寫，也是指以這三個原則有效委任的心態。把 SCS 謹記在心，就能避免掉進糟糕委派的主要陷阱。最棒的是，不論你委派的任務是預約明天晚上吃飯的地方，或是開發與建造二十萬平方英尺的物流中心，SCS 都適用。

明確：Specific

人類很糟糕的一點，就是會為了省眼前的幾分鐘，浪費未來的無數小時。我們在交代工作時貪圖省事，沒做好前期的工作，先仔細定義交付事項。雖然當下能偷懶個幾分鐘，但等到工作成果不如預期，將得花很多小時補救。

舉個例子來講，想像你不確定是否要續租目前的辦公室，或者該另覓新地點。缺乏效率的做法將是吩咐某個下屬：「你研究一下這件事，然後告訴我是否該續約。」你告訴自己，這種不提供細節的馬虎做法是在授權他人，但實際上只是在當甩手掌櫃。最後的結果就是你同時浪費自己和員工的時間。員工將浪費時間探索你不關心的事，回報後你覺得不行，提出更多要求，叫他們繼續找，來來回回無數次。還不如直接告訴員工：

> 我們的租約還有五個月到期。我滿意我們付的市場價格，但我對其他的選項感興趣。你去看看哪些辦公室在出租，而且符合以下的條件。先從寇蒂斯兄弟開始，那家是我們找過的辦公室仲介。我們需要依據類別（辦公、倉庫、車輛存放），預測各需要多少平方英尺的空間，而且要位於開車二十分鐘，就能抵

達關鍵客戶所在地的地理圍欄（geo-fence）內。這部分你可以
利用 Geotech 的地圖軟體。麻煩你附上可能選項的照片，以及
關鍵的租約條件。給我十頁的報告，而且我會是唯一看這份報
告的人。內容要精確，但不必到簡報的品質。我隨後會寄簡短
的電子郵件提醒你。

　　這個例子明確指出你不希望員工把時間花在哪裡，例如檢視目前的
租約。此外，你明確指出要注意哪些地方，例如面積必須達多少平方英
尺的要求。還有，你指示最後的報告要到達哪種程度的品質。你也打算
寄一封簡單的電子郵件，複述以上的指示，因為人們很容易忘記。此
外，比起隨口的交代，把要求寫下來，將強迫你在一定程度上講清楚。

　　這不算事事都插手的微管理（micromanagement）。**明確**提出你的指
示並不會讓員工因此失去自由，導致他們在推薦新辦公室的地點時無法
應用判斷力。陷入微管理的經理把注意力放在與結果無關的瑣事，要求
員工必須**照他們**的方法做事，不去管那對最後的工作成果來講是否有差
別。微管理者不肯放過無關緊要的細節，他們要求一定要和他們親自來
一樣，例如圖表要以特定的方式做，用他們挑選的顏色和字型。這種主
管期望別人要有如他們的分身。然而，以我們的例子來講，大部分的報
告元素由員工自行決定——以及最重要的是，由員工推薦最後的地點。

共創：Co-create

　　不過，做到以上的明確原則還不夠完美，因為沒有太多的共創成
分。三個臭皮匠總是勝過一個諸葛亮，也因此回頭看剛才的指示：

……要位於開車二十分鐘，就能抵達關鍵客戶所在地的地理圍
欄內。這部分你可以利用 Geotech 的地圖軟體。

加入「共創」後，你可以考慮改成說：

我們的關鍵客戶所在地，也是你在推薦時要考量的因子。你認
為這部分我們可以如何確認這點？

雖然這樣講話像是在玩文字遊戲，你明明已經知道可以用 Geotech
查，為什麼不直接告訴員工你要什麼？答案是我們不能獨占創意與創造
力的樂趣。說不定員工推薦的軟體還會考量送貨的頻率，或是提高更常
拜訪的顧客權重——多出你沒想到的功能。

你希望明確提供方向的部分，一定要說清楚是否允許員工提出更好
的方案，因為如果你明講希望有他們的共創，員工或許會提出以下的實
用建議：

關於可能的新辦公室選項，我能不能直接放進仲介準備的介
紹？雖然仲介的資訊會多過您要求的事項，但不必自己準備量
身打造的介紹，就能省下很多小時。此外，我想問一下我們目
前的房東，看看在接下來三年，他那邊還有沒有離這裡不遠的
其他空間。

支持：Support

我吃過苦頭後，才發現支持的重要性。我曾在營收每六個月就翻倍
的公司擔任執行長。由於變化速度實在太快，我們資深團隊面臨的任
務，先前沒有任何成員有過經驗。漸漸的，有一位主管跟不上，漏洞愈
來愈大。等我發現問題有多嚴重，我要求她離開公司。然而，整件事的
主要問題出在我如何管理我的委派方式。

俄羅斯有一句諺語：「**要信任，但也要查證**。」（Доверяй, но

проверяй）。這句話在雷根總統與蘇聯領袖戈巴契夫（Mikhail Gorbachev）的談判期間很出名，但也適合拿來提醒有效委派要注意的事。提供支持的方法是一路上設下策略檢核點，不要到了尾聲才來看有沒有成功。委派工作時，你該做的不是對最終的工作成果指手畫腳，也不是把專案扔給下屬就不管了。你應該協助你的團隊成功。在定期的檢核點確認是否有成員遇上困難，找出你原本的計畫是否不夠明確，需要額外的指引或資源。有了檢核點就能中途修正，增加成功機率。

▋加進立即績效回饋

我在第三章「立即績效回饋」介紹過提供回饋的簡單架構。把同樣的架構調整一下後，也適用於委派工作（圖 12-1）：

圖 12-1：回饋架構

期待 → 評估標準 → 回饋 →
障礙 → 支持 → 齊心協力

與其以囉哩囉嗦、有時難以跟上的方式，解釋你要大家做什麼，不如利用這個架構，迅速、清楚、有效地描述你想交代的工作。這麼做已經成為我的第二天性。

▋你的、我的、我們的

有一次，我聘用經驗豐富的高階主管，給他總經理的職稱，自己則繼續擔任執行長。我們各自有直屬部屬，但由於他向我報告，整間公司

最終向我報告。當然，關於每個問題或機會的正確做法，我們不一定同意彼此看法。不會出現一言堂也是這段關係的好處，但我們明白最終還是得做出決定。

問題出在我缺乏身旁有資深夥伴的經驗，我會猶豫在他面前是否該動用權威。此外，由於我的決策有時不夠清楚，雙方會出現緊張時刻，其中一人感到對方「越界」了。問題比較不在於基本決策，而是我們各自職權有模糊地帶。我們沒想出如何能開誠布公，討論各自權限，以及該如何做決定。組織因此碰上雙頭馬車的問題，有時會出現不必要的緊張時刻。

要到好幾年後，我才再次把員工升到總經理的職位，而我也依然是執行長。這次我管理的組織在七個國家都有事業，橫跨好幾個時區，我也已經從先前的經驗摸索出心得。這一次，我和對方的做法是把「你的」、「我的」、「我們的」加進日常用語，釐清各自負責的事。如果不清楚該由誰來做決定，我們會立刻彼此確認，詢問這件事是**你的、我的**或**我們的**。

舉例來說，討論是否要拓展至新國家時，我會告訴她，這個決定是**我們的**——我們一起做決定。如果是替要向她報告的職位找人，她會說：「我歡迎你的建議，但我認為最終這是**我的**決定。」我們不一定會同意彼此的判斷，但不同於我先前的經驗，這次用簡單的語言就能釐清模糊地帶，不需要劍拔弩張，不需要有情緒。我們意見分歧時，徹底坦率的文化讓我們能立刻直接解決問題。最重要的是，我們明確定義好界線在哪裡。這段關係的效率會更高，因為一切都敞開來說，誰有權做決定永遠很清楚。

最後再補充一點……

約翰・C・麥斯威爾（John C. Maxwell）是暢銷書《領導力 21 法則》（*The 21 Irrefutable Laws of Leadership*）的作者。他寫道：「如果你想把屈指可數的幾件事做對，那就自己來。如果你想做大事與帶來影響力，就得學著委派工作。」蓋雅翠必須具備打造組織的能力，要不然她的創新不會有太大的價值。我們在電話上談完過了三年後，她的組織觸及範圍擴大五倍。此外，由於委派工作能擴大執行範圍，EarthEnable 這家持續加速成長。蓋雅翠近期告訴我：「隨著 EarthEnable 觸及數萬家庭，我今日的成就感，遠勝從前自己鋪地板時的小小滿足感。」

我們人全都會受最初的經驗影響。早在小學時期，我們的成功主要來自個人的表現。到了大學，人們主要用學業成績來評量我們。接下來，在我們早期的工作，我們的表現主要是以報告、簡報與分析的形式出現。一路上，我們更上一層樓的方法，通常只靠加倍努力。

那一切都與擔任傑出的領導者沒有太大的關聯。如同本章開頭蓋雅翠的情形，大部分的人如果要成為優秀的領袖，就必須忘掉從小到大數十年來的習慣與做法。一開始可能會感到彆扭，然而，你在學習委派工作的過程中，如果你明白有必要戒掉舊習慣，你將能抗拒曾經讓你成功的做法，轉換成麥斯威爾談的能擴大規模的領導形式。

本章摘要重點：委派工作

一、委派的意思不是把你的雜事丟給別人，替自己挪出更多時間。重點是培養整個組織的技能與辦事能力。

二、利用委派，評估人才。

三、定義任務需要的技能，接著找機會培養那些技能。

四、應用**六個月原則**，決定該委派或自己做。

五、委派時要記得 SCS 原則：明確、共創、支持。

六、委派工作後，每次都要以書面方式確認你交代的事，通常是簡短的電子郵件形式。

七、**要信任，但也要查證**。支持團隊的方法是一路上設立檢核點，協助團隊成功。

八、想辦法把事情輕鬆說開，討論權責歸屬與該如何做決定：這件事是**你的、我的**或**我們的**。

第 三 課

運用顧問

第13章

五個問題

同時追兩隻兔子只會兩頭空。

—— 俄國諺語

　　幾年前我參加一場會議，坐在聯邦金融網（Commonwealth Financial Network）創辦人喬·戴奇（Joe Deitch）旁邊，學到有關於聆聽的重要一課。聯邦金融網是全美最大型的私人獨立註冊投顧與券商，旗下管理超過兩千五百億美元的資產。此外，喬還創辦了提升獎（Elevate Prize），提供關鍵的訓練與資源給全球最被看好的社會公益創業者。在那次的會議上，有人針對某個政治主題，提出爭議的言論。大部分的在場人士感到那些話很荒謬，有人不客氣地嗆回去。

　　會後我和喬在等車時，我問他怎麼看剛才那個人說的話。喬用富含哲理的溫和語氣告訴我：「我覺得很值得研究。」喬解釋自己並未被那個人的觀點說服，但既然不可能改變對方的立場，他唯一感興趣的事，就只有了解為什麼那個人會那樣認為，以及為什麼其他人的反應會如此激烈。喬因為永遠充滿好奇心，所以能說出「值得研究」。

尋求建議與接受建議最基本的第一步，就是「**和喬一樣聆聽**」。如同許多有自己一套政治看法的人，我們會白費力氣，試圖說服別人我們的立場才正確。此外，我們一般會過度重視證實自身看法的資訊。我們從有特定立場的來源取得資訊。至於不符合我們觀點的資訊，我們大都會無視。基於以上的種種原因，抱持好奇心聆聽非常困難。換句話說，大部分的人都做不到。然而，平庸與高效管理者的差別就在這。

▌從團隊開始

你的團隊藏有大量的專業知識與智慧，不過你目前聽到的事，八成經過某種濾鏡的篩選，產生證實既有看法的立場。（我再次引用作家史坦貝克的話：「沒人想聽建議，附和就行了。」）如果要打破這種自然形成的偏見，你需要有一套尋找事實的架構。

首先，你在談話的時候，要明確告知你的目標與意圖，讓對方知道你必須決定組織的方向，有了他們的建議，才能做出明智的抉擇。如果你沒明講為什麼想聽他們的意見，他們有可能懷疑你在試探，而這會影響他們願意坦誠以告的程度，所以要先用以下的方式替對話定調：

> 我和你一樣，我在乎這間公司。如果我們要贏，我需要了解我們的組織，而且不能只從我自己的觀點出發。我需要像你這樣的團隊成員的觀點。你能看見我永遠看不見的事。此外，你比任何人都了解你的職責範圍。請讓我受益於你的經驗與創意。我需要你的幫忙。

你要跟前線員工談，尤其是天天和顧客打交道的人員。相較於某某部門副總裁的看法，你從客服人員或倉庫員工那兒得知的觀點，有可能

讓你更清楚競爭情勢與你競爭的市場。

現在拿著紙筆，問以下五個問題：

- **哪些地方很順利？**
- **我們在做的哪些事是浪費時間？**
- **我們的顧客最在乎什麼？**
- **我們哪些地方做得比所有的競爭者好？**
- **如果你是我，你會在哪些地方下功夫？**

蒐集答案時，記得要催促對方做出具體建議與觀察。舉例來說，相較於「我們的產品需要輕八磅」，光是知道「我們需要改善品質」沒有太大的用處。你問哪些事被會樂觀其成時，有可能聽見不切實際的期望。不過，在駁回點子之前，別忘了有可能是我們自己視野狹隘，或是想維持現狀。

你記下對方的觀察與點子時，要避免做出承諾。你做的事、說的話會被放大與重新詮釋，這也是為什麼你需要謹慎對待期望設定。舉例來說：「這個點子值得注意。我等不及要再深入研究，多了解一點」可以避免留下錯誤的印象，誤把「你對他們的點子**感興趣**」等同於「你同意這麼做」。

┃再來是顧客與客戶

我見過很多例子是管理者閉門造車，思前想後顧客要什麼，完全沒意識到只需要開口問就可以了。你的顧客知道自己為什麼購買（或不購買）你的產品或服務。他們八成也比你更清楚競爭者的優缺點。此外，顧客很可能願意把知道的事全告訴你，因為對他們來講，你提供好東西

是好事。

訪問顧客時，深度比量重要。你會想用電子郵件亂炸一堆問卷調查，請大家用數字評分，或是從下拉式選單中挑選項，但如果要找出關鍵的洞見與創意點子，進行一系列深度對談能得知的事，將勝過一千份問卷的回答。這樣的對話應該圍繞著以下五個問題：

- **為什麼您會跟我們買？**
- **您只跟我們這家買嗎？還是有別家？為什麼？**
- **競爭者做得比我們好的例子有哪些？**
- **我們該怎麼做，才能拿到您更多的訂單？**
- **您希望我們提供哪些功能、服務或產品？**

不要只問你最大的客戶這些問題，要不然答案會有統計偏誤，因為他們原本就滿意你的服務（那就是為什麼他們是你的大客戶）。你該請教的對象包括只和你做少量生意的人，以及完全不跟你買的人，找出為什麼你不符合對方的需求、你可以做什麼讓他們成為更大的顧客。

如果你的產品或服務觸及成千上萬的末端使用者，你可能需要聘請外部人士，才有辦法和足夠的用戶談。不過，找外部人士之前，先親自和客戶聊一聊。你就能指引與訓練外部人士該問哪些事、如何發問，以及回應常見答案的最佳方式。

▌供應商與廠商

我第一次當上執行長的時候，曾和公司的關鍵供應商見面。那位供應商親自飛到達拉斯來見我，目的是鞏固關係，留住我們公司的生意，但最後是我慶幸能有這個機會聊一聊。這家供應商因為開發與生產前置

時間很長，對市場有著獨到的見解，那是我們的公司比不上的見解。我在擔任執行長期間，把他視為思考夥伴，而不是能把價格壓到最低的壓榨對象。這就是為什麼你該重視和關鍵供應商、廠商會面，趁機詢問他們五個問題：

- **您認為市場的哪個部分正在擴張、哪個部分正在衰退？**
- **您認為我們的顧客最重視什麼？**
- **您看到哪些正在出現的創新或技術變革？**
- **我們的競爭對手中，哪一家最優秀？為什麼？**
- **有哪些例子是我們做得比對手好？**

大部分的競爭者把心力放在壓低價格。換句話說，你將會比對手更有優勢，因為他們未能善用供應商這個資訊寶庫。如果你以誠待人，建立好關係，你八成會訝異對方願意告訴你什麼。

最後是競爭者

有一次，我和某軟體執行長一起參加董事會議。他提到如果有競爭對手的現任員工或前員工到他的公司求職，他會刻意參加面試，因為他想比對手的執行長還了解他們的公司。你不需要問及機密資訊或商業祕密，也能得知想搶你客戶的對手很多事。只需要開口問，就能以合法的方式，取得擺在眼前的大量資訊。

不論是貿易展上的閒聊或工作面試，也或者直接聯絡剛離職的員工，邀他們共進午餐，問以下五個問題，就能從對手的前員工身上（有時連現任員工也行），得知意想不到的大量資訊：①

- 你在那家公司時，你認為他們哪些地方做得好？
- 他們的重大挑戰是什麼？
- 他們最怕哪一個競爭者？為什麼？
- 為什麼人們喜歡在那裡工作？
- 他們的員工因為哪些原因離開？

　　前員工不是了解競爭者的唯一管道。網路上很少有祕密。有的工具能以幾乎是零成本的方式，蒐集到數量驚人的資料，帶給你資訊的寶藏，告訴你對手的反向連結（backlink）、流量、登陸頁、哪些字詞屬於他們，以及任何的原生關鍵字。

　　上競爭對手的網站與社群媒體連結，查看他們的職缺，了解他們正在擴張哪些領域與職能範圍。每季造訪 Glass Ceiling 等工作網站，了解競爭者的在職員工與前員工怎麼說自己的公司。設定你的搜尋引擎快訊提醒，永遠不錯過對手發布的任何事與別人如何提到他們。此外，每季檢視競爭者的網站一次。提交問題，觀察他們回答的品質與內容，體驗他們的潛在客戶培養（lead-nurturing）流程。為了有助於診斷對手的線上策略，記得關掉你的廣告封鎖。造訪完他們的網站後，看你的動態（feed）跳出什麼。如果網路行銷對你的公司來講很重要，那就追蹤自家網站的表現與對手的網站。

▌最後再補充一點……

　　畢德士（Tom Peters）與華特曼（Robert Waterman）一九八二年的《追求卓越》（*In Search of Excellence*）一書，讓「**走動式管理**」（**management by walking around**）一詞廣為人知。這個理論認為如果管理者四處走動，隨機和碰到的員工聊天，就能得知重要資訊。《追

求卓越》可說是成為商業界的聖經，在出版的前四年，年年售出近百萬冊。四處走動是優秀管理方式的概念，在近四十年來被奉為圭臬。然而，今日的我們知道，光是「走動式管理」本身沒有太大的價值。員工不太可能在走廊攔下你，然後自請提供批判性思考。身為領袖的你必須替「走動」設定流程、架構與目標。

舉例來說，美國中央司令部（US Central Command）近期就是那樣做。中央司令部是美國國防部下面的單位。他們知道讓將軍在營房裡走來走去是不夠的。低階將士尊崇軍階與權威，永遠不會拍拍長官的肩膀，問「能不能給個一分鐘」，接著就滔滔不絕提出點子與創意。儘管如此，中央司令部明白捕捉資訊的價值。准將約翰‧寇比爾（John Cogbill）向《華爾街日報》解釋：「最接近問題的人，以第一手的方式看見與感受到痛點。」② 中央司令部因此舉辦「鯊魚幫」（Shark Tank）競賽，鼓勵點子由下往上流──那是中央司令部版的「五個問題」──好讓往上的資訊流能制度化。中央司令部為了取得需要的資訊，必須用流程與目標來輔助那個任務。

▍本章重點摘要：五個問題

一、抱持好奇心聆聽，不要忙著證實自己原本的看法或說服他人。

二、問員工五個問題。先讓他們知道為什麼你要問他們。詢問對象要納入前線的團隊成員：

　　a. 哪些地方很順利？

　　b. 我們在做的哪些事是浪費時間？

　　c. 我們的顧客最在乎什麼？

　　d. 我們哪些地方做得比所有的競爭者好？

　　e. 如果你是我，你會在哪些地方下功夫？

三、問顧客五個問題。避免採取問卷的形式，深度比數量重要。還有，
　　也一定要問**不跟**你買東西的人：

　　a. 為什麼您會跟我們買？

　　b. 您只跟我們這家買嗎？還是有別家？為什麼？

　　c. 競爭者做得比我們好的例子有哪些？

　　d. 我們該怎麼做，才能做到您更多的生意？

　　e. 您希望我們提供哪些功能、服務或產品？

四、詢問供應商五個問題。他們不只是低價產品與服務的來源：

　　a. 您認為市場的哪部分在擴張、哪部分在衰退？

　　b. 您認為我們的顧客最重視什麼？

　　c. 您看到正在出現哪些創新或技術變革？

　　d. 我們的競爭對手中，哪一家最優秀？為什麼？

　　e. 有哪些例子是我們做得比對手好？

五、詢問競爭對手的員工五個問題。你會訝異人們告訴你的事：

　　a. 你在那家公司的時候，你認為他們哪些地方做得好？

　　b. 他們的重大挑戰是什麼？

　　c. 他們最怕哪一個競爭者？為什麼？

　　d. 為什麼人們喜歡在那裡工作？

　　e. 他們的員工因為哪些原因離開？

六、網路上無祕密。研究你的競爭者的網路資訊。

七、走動式管理只是一種表演。你必須真心把了解員工心聲當成目標。

第14章

尋找與運用導師

導師讓你在自己身上看到希望。

—— 歐普拉，美國知名主持人

　　我擔任 Asurion 的早期投資人與董事時，在這間公司的營收成長至數十億美元的過程中，看著執行長塔威爾如何讓他的導師網，成為他的公司能成功的關鍵因素。「我們能走到今天，」塔威爾日後告訴我：「最大的原因，就是我讓公司擁有大量的優秀顧問，而且大量使用他們。」企業領袖很少會碰上獨一無二的問題。答案或找出答案的架構通常已經存在。缺乏安全感的管理者會想要每件事都自己解決，但最自信的領導者更聰明。創辦維珍集團（Virgin Group）的理查·布蘭森（Sir Richard Branson）也同意塔威爾的經驗談，寫下：「如果你去問任何成功的企業家，他們永遠在一路上的某個時刻，有優秀的導師。」

　　通用汽車的執行長瑪麗·芭拉（Mary Barra）指出，最優秀的領袖會建立顧問網。「有的高階主管會把自己的成功，歸功給有一兩位關鍵人士輔導他們，但我認為有效的輔導需要一個網絡。」[1] 導師與顧問從不

同的觀點出發，最優秀的管理者會尋求與接受來自數個源頭的建議，留意共通性，接著才選擇最佳的前進道路。不過，這樣的網絡不會自然形成。如果要建立頂尖管理者有的那種網絡，你需要從設計計分卡開始。

工具 26：導師與顧問的計分卡

有的人誤以為，最優秀的導師會以超級英雄的形式從天而降，有辦法用透視能力看穿他們的公司。抱持這種想法的人會試圖結交履歷洋洋灑灑的名人。然而，如同你在雇人的時候，計分卡要注重**結果**與**特質**，才能找到真正需要的人才，建立導師網也一樣。雖然每家公司想見到的結果不一樣，有效的顧問有兩個共通的特質：**客觀**與**模式識別**（**pattern recognition**）。

客觀

「客觀」最好的定義是忠實於事實，外加覺察到自己的觀點帶有的個人偏見。這兩件事密不可分。我們的心智在處理問題時，思考流程永遠脫離不了情緒偏見，有可能導致過度樂觀、無謂的恐懼或決策癱瘓——降低決策的精準度。那樣的偏見會導致我們偏離事實。史丹佛哲學系指出：「人類會從某個觀點體驗世界。由於觀點不同，〔個人〕的體驗內容會十分不同，受〔他們的〕個人情境影響，也受〔他們的〕感知機制、語言與文化影響。」[2]

尋求建議的好處，在於相較於必須解決問題的當事人，外部顧問一般帶有較少的情緒偏見。這裡的意思不是顧問**不會**有偏見，只是比較**少**，而減少偏見本身已經是尋求與接受指點的好處。

不過，你可以不只是減少偏見。你在建立顧問團隊時，要盡力找到

客觀程度高的人士。這樣的人能自行意識到自己的偏見。請觀察他們如何回應你的提問。超級明星導師有足夠的自省能力，他們能說出這樣的句子：「有一次，我有很負面的訴訟經驗，影響到我接下來要說的話……」比較意識不到自身偏見的人，有可能劈頭就說：「關於訴訟，你需要知道……」

導師與顧問能更精確、更快速地評估資料，原因是他們客觀，而不是因為他們擁有超人般的問題解決能力。你在尋找潛在的顧問人選與打造顧問網絡的時候，要記得把一個人的客觀程度，當成強大導師的關鍵特質。

模式識別

模式識別發生在我們面臨的情境，觸發從我們的長期記憶提取過往經驗。當我們觀察類似的事件，看見不同做法導致的成敗，我們會把大部分的資訊儲存起來。日後我們的大腦會在心智的硬碟，搜索過去碰過的類似事件。這樣的背景處理，主要發生在我們沒出現直接覺察（direct awareness）的情況下，也就是今日被稱為人工智慧的電腦執行模型。

模式識別比直接知識（direct knowledge）隱密。直接知識的例子包括碰觸燒燙的爐子後知道，以後別再碰；或是知道一加一永遠等於二。模式識別則是想起**類似的**情境，對比眼前的情境與先前的經驗，以大腦神經的方式**評估**答案。

設計導師計分卡的時候，先找出你預期會碰上的問題類型，接著讓你的計分卡能找出心智硬碟裝滿類似問題的導師。舉例來講，如果你管理的是中型建設公司，那麼以你需要的模式識別來講，身價億萬的媒體帝國董事長懂的事，或許還不如卡車運輸部門的副總裁。

▍工具 27：尋找導師六步驟

　　你在和顧問聊之前，如果先採取六步驟，將能提高互動的價值，協助建立關係。首先你要了解，大部分的人能提供接近無限次在電話上聊十分鐘，但很少人有空一起吃整頓早餐。較為明智的策略，將是利用時間相對短但高影響的互動，而不是時間長但次數很少的交流。

　　第二，討論前先做好筆記，協助自己整理想法，縮短解釋問題需要的時間，盡量增加聆聽與學習的時間。我同學約翰‧埃爾韋（John Elway）在畢業後打了五屆超級盃，還是活躍的創業者，成為一名成功的汽車經銷商，日後以八千兩百萬美元售出事業。我喜歡他講過的一段話：「如果我在講話，就無法學習。我能變得更好的唯一辦法，就是聽別人的看法，找出為什麼他們那樣想。」[③]

　　三、以你會展開優秀會議的方式，展開與顧問的對話：先講清楚你試著解決的問題，或是你試圖抓住的機會。你要明確指出來，例如：「凱蒂，我希望你能建議是否該⋯⋯」有好幾次，有人打電話請我提供建議，我很認真地聽他們提供的背景資訊，最後才發現跟他們要問的問題無關。明確說出你要什麼，導師才能專注於關鍵議題，不必還得多問很多問題，釐清究竟哪些事與你的問題或機會有關。此外，他們的建議也才能一針見血。

　　四、你預備好的筆記，只用來提供基本的背景資訊。或許對你來說，你碰上的情境是新的，但由於顧問具備模式識別能力，他們需要的補充資料沒你想像的多。如果有必要，顧問永遠能再多問一點。有好幾次我接到電話，結果對方把所有的通話時間，幾乎全用在提供背景資訊，只留最後的一兩分鐘讓我講話。

　　第五、說出你認為該怎麼做，但不要試著說服顧問這個建議有多好——明確告訴顧問，你只是想提供討論的起點，而不是你已經有定

見，只是想得到別人的附和。明確指出你感到不確定，這就是你聯絡他們的原因。不過，你強迫自己運用解決問題的技巧後，將能協助框架情境。一段時間後，這個步驟能改善你自己的模式識別。

六、完成前五個步驟後，好好閉上嘴。克制你的衝動，不要顧問講的每一件事，你都想要解釋。也不要用很耗時的故事，回應顧問的洞見。你唯一要做的事，就只有專心理解他們說的話而已。

▍展示你的尊重

塔威爾、布蘭森與芭拉都提到，建立導師網的基本工具是表達你的尊重。你是在請別人給你時間，而那是最寶貴的資產。他們可以把這個時間用在自己的家庭、事業或目標上，但他們卻給了你。然而，導師制度不是一種交易性質的關係。你無法以傳統意義報答他們。他們不是以這種方式計算導師關係的價值。

不過，你還是可以透過小心運用導師的時間，表達對他們的尊重。我最近接到前學生寫來的電子郵件，他正在設計分紅方案，想聽我的建議。那封信整整列出三十一條支持他的推薦方案的理由。他沒先花時間去蕪存菁，只提供最必要的資料，而是把那部分的工作丟給我。

仔細寫好的電子郵件、整理過的關鍵背景資訊，以及「和喬一樣聆聽」，全都能展現你珍惜導師的時間。不要一寫好電子郵件的草稿，就立刻按下「寄出」。你要仔細推敲與精簡內容，確認已經清楚表達，有效呈現重點。此外，避免附上導師不需要的附件資訊。見面時，帶上筆記，讓導師看到你不想浪費他們的時間，預先做好準備。

最後，讓導師知道事情後來怎麼樣了。他們會好奇事情結果。導師會理解你除了考慮他們的意見，也會有你自己的判斷，你最後有可能沒挑他們指出的路。然而，他們還是會有興趣知道後來發生的事。

最後再補充一點……

艾文・古魯斯貝克是我這一生最重要的導師。他經常提到改寫自聖經的幾句話：「有鑿成的水井，非你所鑿成的；有溫暖的火堆，非你所點燃的。」你要找的導師明白，雖然成功很美好，但成功的背後有他人的協助。如果幸運的話，之所以你找到的導師願意提供建議，正是他們感到自己當初也是有人幫了一把，才有今日的成就。

聖經申命記的這段話也能是你的燈塔，在你推進職涯時，照亮你的路。套用知名美式足球教練伍迪・海耶斯（Woody Hayes）的話來說，你在累積自身經驗時，別忘了「把愛傳下去」，協助新一代的領袖。

本章重點摘要：尋找與運用導師

一、找到能替你的決策帶來兩件事的人士：

　　a. **客觀**：忠實於事實與自我覺察。

　　b. **模式識別**：針對你可能碰到的問題與機會，依據類似的經驗，找出模式。

二、請導師協助時，目標要明確：

　　a. 利用時間較短的高影響互動。

　　b. 展開討論前先備妥筆記。

　　c. 在對話開頭，清楚說明你嘗試解決的問題，或是你試圖利用的機會。

　　d. 只提供必要的背景資訊。

　　e. 說出你認為自己該怎麼做。

　　f. 閉緊嘴巴。盡量讓導師有時間提供回饋。

三、說謝謝的方法，包括以有效的方式運用顧問的時間，以及讓他們知道後來怎麼樣了。

四、輪到你的時候，把愛傳下去。

第15章

高階主管教練

重點不是教練會什麼，重點是他指導的球員學到什麼。

——無名氏

　　Sanku 是我和史蒂芬妮・康乃爾（Stephanie Cornell）一起創辦的非營利組織。我第一次直接接觸高階主管教練，原因是 Sanku 的執行長菲力斯・布魯克斯 - 卓治（Felix Brooks-church）詢問董事會他能不能請教練。由於菲力斯在升為執行長前，整整有六年時間都是向我報告，我起初不懂他為何要請高階主管教練，他有什麼問題都可以問我啊。

　　我向艾迪・帕普拉斯基（Eddie Poplawski）提出我的疑惑。艾迪以前當過執行長，現在是成功的高階主管教練。艾迪解釋「為什麼教練不同於導師」。導師依據自己的人生經驗，引導其他人處理類似的挑戰。導師通常是榜樣，具備徒弟仰慕與希望模仿的特質，協助他們找出問題的答案。教練的工作則不是解決問題，而是培養能力。教練協助你找出你想成為什麼樣的人、你想往哪裡走、又要如何抵達。「教練不負責開車。」艾迪解釋：「他們和你一起坐在汽車的前排。你在選擇你要走的道

路時，教練在你身旁。」

什麼是「教練」？

安妮‧伊莎貝爾‧薩克萊‧瑞奇（Anne Isabella Thackeray Richie）一八八五年的小說《戴蒙太太》（*Mrs. Dymond*）讓一句諺語出名：**授人以魚不如授之以漁**。教練就是在教你釣魚。他們的任務是協助你培養領導技能，而不是養成你的依賴性。教練會參與你的發展，建立解決商業問題的架構，不直接給你答案。

教練與結果沒有個人的利害關係。我和菲力斯的關係則不同。我是前任執行長。他追隨我的腳步時，我有我的包袱。菲力斯帶領組織踏上的路，有時不一定是我認為最好的那條路。菲力斯需要我提出忠告，但也需要能暢所欲言的談話對象，讓他能談公司的任何面向，說出自己的處境──包括他和我的關係。艾迪這樣總結：「在你的人生中，還有什麼高手會站在你這邊，不帶偏見地從技術層面輔助你，而且不是因為你成功能帶給他們什麼好處。他們唯一想做的，就只有在你追尋最好的自我時，助你一臂之力？」

教練會帶來安全的空間，讓你在裡頭四處漫遊與思考，探索新機會，拓展可能性，檢視你對於公私生活的感受。儘管如此，不要幫教練當成專門替你搖旗吶喊的人。他們的工作是協助你培養子技能與智慧，協助你拿出最好的管理表現，而有時那代表他們會說出你不想聽的話。正是因為教練只從是否對你有利出發，他們不是你的好友或啦啦隊。

找到正確的教練

研究發現教練關係會失敗，有三分之二是因為教練與客戶「不

搭」──而不是教練過程有問題 ①。如果要找到正確的教練，先列出可能的教練名單。搜尋引擎能帶來大量的人選，但最好還是詢問認識的人，請其他的管理者推薦，也可以看看律師、會計師、主動型投資者有沒有推薦的人選。

接下來，確認教練人選接受過正式的訓練。教練是一種技能，不是生活經驗的積累。「國際教練聯盟」（The International Coaching Federation）與「商業教練世界協會」（the World Association of Business Coaches）提供認證給教練、課程、檢定與證照。大型大學今日也提供領導力教練的文憑，例如喬治城大學進修推廣學院（Georgetown University School of Continuing Studies）。

接下來，在決定之前，先和兩、三位教練人選見面，感受一下你能在什麼樣的選項、風格與經驗範圍中挑選。有的教練主要服務執行長，有可能比較不適合引導大企業的部門主管。同理，教練如果有大量輔導創業者的經驗，或許更適合公司尚在初創階段的人。如果你的組織裡有多位家族成員，你或許想找有家族企業經驗的教練。

對話時，問對方預期會多久和你碰面一次、每次的時間多長；他們如何處理緊急晤談；以及萬一發生出乎意料的情形，他們是否有空協助。也問一問他們是否接受遠距輔導。

如同最厲害的運動教練通常不是最頂尖的選手，高階主管教練也一樣。教練與控管**流程**有關。《教練》（*Trillion Dollar Coach*）一書的主角比爾‧坎貝爾（Bill Campbell），不曾認為自己的管理能力，勝過他長期指導的前 Google 執行長艾力克‧施密特（Eric Schmidt），或是他輔導過的任何矽谷超級名人。② 坎貝爾只是建立一個流程，讓人們能在過程中成為更好的自己。

這也是為什麼你的教練不需要是你的產業當中的專家。他們不是有領域專業的商業顧問。顧問計畫有可能包含領導力訓練，但教練關係著

重你個人的技巧與能力。

雙方「來電」很重要，但不是兩個人很像的那種契合。你不是在雇用朋友，但你需要能自在地和教練談你的個人生活、健康問題與其他壓力。這裡的意思不是教練是醫生或心理治療師，但最優秀的教練需要了解你的特殊狀況，你要能和教練分享，他們才有辦法對症下藥。你的個人生活碰上的狀況，不免會影響到工作。

史丹佛大學與加州大學的研究顯示，七二％創業者有心理健康問題，例如憂鬱症或雙相情緒障礙症，以及許多人有成癮問題。[3] 如果你感到無法向這位教練透露婚姻或酗酒問題，那就繼續尋找。如果你和家人或另一半採取較不傳統的形式，或是你和職場上的某個人有特殊關係；也或者是在你的國家或產業，你屬於少數族群，那就考慮和教練人選討論你的情形，先了解他們是否之前有過這方面的輔導經驗，以及他們過去如何處理相關議題。

由於你和教練在互動中會談到這些事，保密是關鍵議題，但不是醫生或神職人員的那種守口如瓶。這裡的保密是指你可以控制資訊。約六成執行長選擇完全不透露教練關係[4]，不過也有近三分之一採取「受控的保密」（controlled confidentiality），意思是為了盡量協助你的成長與發展，如果獲得你的授權，教練可以和相關人士分享經過篩選的資訊。

教練的訓練流程

傳奇商業思考家彼得・杜拉克（Peter Drucker）常被視為第一位「高階主管教練」。他曾經說過：「我身為〔教練〕最大的優勢是無知，我會問問題。」教練在引導你的時候，一般會問你問題，不會直接告訴你答案。如同艾迪告訴我，教練的目標是在你努力自行解決問題時，在一旁陪著你，問引發你深入思考的問題，協助你拓展自身的能力，增強你的

模式識別。這就是為什麼你應該留意，教練是否似乎把公式化的做法或流程，套用在所有的客戶身上。你的教練應該知道在你這場獨特的旅程，你想去哪裡，以及你需要具備哪些技能或行為，才能抵達你選擇的目的地。

在典型的教練關係中，你們將以面對面或遠距方式，每個月見面兩次，每次一小時到一個半小時。兩個人都有責任決定見面要討論的事，也因此要先想好你希望處理的目標、議題、挑戰與抱負。有的高階主管遲遲不去見教練，因為見面需要花時間準備。不過，好的教練會協助你極力守護時間，讓你的每一週更有生產力，你的行事曆將不再那麼混亂。你因此省下的時間，絕對多過你們兩人共度的時間。

在過程中，你可以請教練也和你的員工、主管、董事會或其他相關人士談一談，例如菲力斯就是這樣展開他的教練關係。菲力斯的教練打電話給我時，問我如何看待菲力斯的機會、盲點，以及他的超能力。不過，教練只把我的看法當成參考資料，還會再結合她與其他人聊過後的觀察。此外，她禮貌地挖掘我帶進這個關係的偏見，例如旁敲側擊當菲力斯做出的決定，抵觸我過去管理 Sanku 的做法，我的接受度如何。

如果你要求的話，有的教練會盯著你完成專案進展或你正在執行的方案。有人盯或許能刺激你趕上最後期限，不過最優秀的教練最終將協助你培養自身的當責能力，找出你在面臨最後期限時碰上的障礙，協助你設計解決方案。未來就不需要有第三方督促你達成目標。

有的大型企業會提供員工內部教練。內部教練的優點是他們知道組織的做事方式，但也有重大缺點。他們不符合教練的兩大原則：一是**受控的保密**，二是教練應該找除了希望你成功，和你沒有利害關係的人士。不論內部教練如何小心遵守保密規定，他們依然受僱於你的組織。更好的選項是變成一種員工福利，由公司提供與補助聘請獨立教練。

每次與教練見面的費用，有可能是一、兩百美元或好幾倍的數字。

儘管如此，投資報酬率（ROI）有可能極度物超所值。有一項研究得到的數據是四分之一的企業認為，教練的投資報酬率是費用的四十九倍。另一項研究則顯示，教練的平均 ROI 是初始投資的七倍。[5] 優秀教練是投資，不是支出。在你挑選較便宜的選項之前，先評估價差與持續改善一連串領導決策帶來的好處。

▌團體教練或同儕教練

　　團體教練或同儕教練是傳統教練關係的另一種選項。透過這種方式協助企業領袖成長的組織，最有名的是青年總裁協會（Young Presidents Organization，簡稱 YPO）與 Vistage。YPO 會要求成員的組織至少要具備多大的規模，以及入會年齡必須小於四十五歲。Vistage 同樣有會員資格要求，但限制較小。YPO 和 Vistage 的教練形式很類似。成員在保密的前提下，以有架構的形式，向人數約十二人的小組，介紹自己碰上的問題或機會。YPO 和 Vistage 為了讓流程順暢，一般會避免把競爭對手安排在同一個小組，也不鼓勵小組成員有共同的商業安排。

　　在我的職涯大多數時間，我都是 YPO 的成員。我認為這是寶貴的經驗。YPO 的模式能帶來豐富多元觀點，這是單一教練無法提供的。不過，我認為同儕教練也有兩個缺點。

　　第一個缺點是雖然小組成員人都很好，大家沒接受過教練訓練。也就是說他們給的回饋，更像是建議，而不是教練輔導，沒那麼注重培養能力，更偏向解決當事人提出的問題。此外，由於 YPO 和 Vistage 帶有社交元素，成員會想要打好人際關係，在乎在他人面前留下的印象。儘管討論會保密，小組成員會比較不願意暴露脆弱的一面。

　　第二，團體形式讓每次能報告的人數很少。如果十二人的小組一年見面十次，每次能討論三個議題，算起來每年你大約只有三次機會。雖

然所有運作良好的小組都能照顧到緊急事件，對你大部分的需求來講，團體形式能給你的時間，將遠不如一個月兩次、專門處理你的情形的教練關係。

最後再補充一點……

以前的人以為，教練登場是為了拯救岌岌可危的高階主管，但那種年代已經過去了。前 Google 執行長施密特指出，他這輩子得到過最好的建議，就是「找個教練」。我們應該從明星運動員的角度來想教練——如果要發揮你全部的潛能，身旁沒有教練是不行的。

菲力斯很聰明，他知道自己需要的教練，將是組織創始人**以外**的人。這個教練將密集協助他拓展能力。菲力斯聘請教練後，我看著他從我的員工蛻變成獨立的領導者。他會毫不猶豫地尋求建議，但在做決定時，除了參考我的判斷，也同時會考慮他得到的其他建言。

此外，我們的工作關係與私下的關係，也同時獲得改善。我感到他的教練引導他找出如何能讓我派上用場。菲力斯在我們的互動中提供示範，讓我成為更好的董事長。值得留意的是，我們現在一起解決問題的時間不減反增。那位教練並未取代我或代替我，而是成為 Sanku 團隊不可或缺的新支柱。

本章重點摘要：高階主管教練

一、教練的職責不是解決問題，培養能力才是他們要做的事。教練的任務是協助你培養領導技能，而不是養成你的依賴性。

二、挑選教練：

　　a. 利用網路搜尋與請認識的人推薦，列出可能的人選。

b. 重視人選是否接受過正式的訓練。

c. 與三名教練見面，了解一下各種選項、風格與經驗。

d. 教練不必是你所在產業的專家。

三、找你能安心談論個人生活、健康問題與其他壓力的人選。

四、由你來控制保密的程度。你自行斟酌是否要為了促進成長與發展，允許教練向相關人士分享資訊。

五、留意教練是否將公式化做法或流程，套用在所有客戶身上。

六、團體教練或同儕教練能提供豐富多元觀點，但同儕沒接受過教練訓練，通常會試著幫忙解決問題，而不是培養你的能力。此外，團體形式會導致你只有屈指可數的機會談自己的事。

▎工具 28：詢問教練候選人的十個問題

一、您目前有多少客戶？您總共能訓練多少人？

二、您擔任多少年的教練？為什麼您選擇從事這一行？

三、您有多少百分比的客戶是規模與我們類似的組織，以及年齡與所處的領導階段和我們差不多？那些客戶中，他們有多少百分比的合作對象，與我們的架構類似（例如：非營利、投資者擁有的企業或家族企業）？

四、您如何收費？

五、我們的討論將採取面對面或遠距方式？您希望多久見面一次，每次的典型時長是多久？

六、您如何架構會面時間，如何決定主題？

七、我有〔酗酒、情感障礙、婚姻等等〕方面的困擾。您在這方面有哪些經驗？

八、請告訴我您接受過的任何正式訓練，以及您從訓練中學到哪些事。

九、您認為最理想的教練／客戶關係要素是什麼？

十、請描述一個近期教練關係失敗的情形，以及您和客戶從那次的失敗中學到的事。

第16章

顧問群

她通常會給自己非常好的建議（只不過很少真的去做）。

——路易斯‧卡羅（Lewis Carroll），

著有《愛麗絲夢遊仙境》（*Alice in Wonderland*）

蘿拉‧法蘭克林（Laura Franklin）帶領的公司，經營自閉症光譜上的兒童診所。我從她開業以來就擔任董事，一次開會時，我發表該如何拓展新市場的看法。蘿拉奮筆疾書記錄，接著就宣布下一個議程事項，彷彿事情就這樣定了。不過，她還沒能展開新一輪討論，就有另一名董事跳進來發表不同的觀點。接下來，所有人一起考慮了兩個方法，最終決定採取第三種。要不是因為團體動力帶來獨一無二的**發想**與**創意**，我們那次永遠不可能得出最終的點子。

一對一的導師或顧問對話，無法取代聚集一群顧問，放手讓他們討論你的問題或機會後產生的發想與創意。團體建議與個人建議完成的任務不一樣，無法用哪一個取代另一個。

有的管理者只把董事會當成必要之惡，認為董事會侵犯他們的自主

權與決策權，甚至有可能威脅到他們的去留。創業者之間代代流傳著恐怖故事，他們因此希望能「維持掌控」愈久愈好——然而代價太高了。

解決之道不是避免設置董事會或顧問委員會，而是正確組織與管理這樣的團體。你與董事的關係不必是對立的，也不一定會製造令人不安的權力動態。如果你挑選正確的人，以解決問題的論壇形式開會，你將能釋放發想與創意的強大力量，加速成功，你的威信因而不減反增。

如果你帶領的是非營利的社區計畫，或是大型組織下的一個單位，或許無法成立正式的董事會，但還是可以建立同樣有效與寶貴的顧問小組。只不過為了行文方便，本章把這種更寬廣的定義，同樣簡稱為「董事會」。

如何挑選董事會成員

我們在史丹佛研究過一位早期創業者。他考慮把一席董事交給協助他向銀行融資的投資人，問父親這樣做好不好。父親回答：「你不需要能幫你取得銀行貸款的人。你需要能教你治理公司的人。」這位父親是在以自己的方式指出，兒子正在採用錯誤的計分卡。

如同前文談過的員工招募，找出理想董事的第一步是設計你的計分卡，運用已經應用在雇用與尋找顧問的相同子技能，找出關鍵的人選條件，大約五個就夠了。

接下來，依據你設計的計分卡，從你的人脈中列出或許合適的董事名單。多列幾個沒關係，後面總是可以再刪。一開始絞盡腦汁想人選的時候，最好多方撒網。還有，最好排除供應商與員工，因為你需要討論與做決定的彈性，而事情有時可能和他們的個人利益起衝突。接下來，比對你的名單與計分卡（表 16-1）：

表 16-1：董事會計分卡

條件	標準	我如何能判斷？
相關的董事經驗	先前擔任過三個以上的私人公司董事	LinkedIn 詢問本人
替董事會帶來價值的證據	八成的執行長對於他們擔任董事，給予正面的評價	資歷查核： * 您會願意再次請他們擔任董事嗎？ * 能否給我某某方面的例子？
相關的營運經驗	五年以上擔任營運公司（operating company）資深經理的經驗	LinkedIn 詢問本人
願意出差	能親自出席八成的董事會議	前董事會證實
能提供獨特的想法，但也具備團隊合作精神	不習慣性附和他人，提供獨到的洞見，但能和團隊一起前進	資歷查核： * 能否給我某某方面的例子？ * 是否曾有……的時候？

大部分的時候，採取正式的面試流程會很尷尬。如果你最終沒邀請對方進董事會，有可能破壞雙方的關係。雖然你有必要從可能的董事人選那直接取得資料，但方法是私下碰面，請教他們的意見。如果你已經有董事會，那就請他們以專家來賓的身分來開會，觀察他們如何與眾人互動。最後是進行非正式的資歷查核。運用第一章介紹的技能，婉轉比對人選是否符合你的計分卡。

▎工具 29：四分之一原則

在我創業的早期，我依據每個職能領域的近況更新，替董事會議安排議程表，每個部門幾乎都分配到一樣長的時間，沒考量組織的優先要務。各部門的報告結束後，接下來是討論目前需要滅火的事項，其中大

多與建立長期的價值沒有太大的關係。最後是有如學校的「展示與講述」時間。此時我通常會介紹自豪的新方案或公司成就，但我其實該利用那個時間運用董事的智慧，處理最棘手的問題或是最大的機會。

　　漸漸的，我改採「**四分之一原則**」（one-quarter rule）來安排議程表。我用議程表前四分之一時間，向董事會更新近況，說明發生了什麼事。這是等一下的問題解決時間的基礎知識。套用第十一章的技巧「舉行理想會議的七步驟」後，這部分很多可以事先提供書面資訊。

　　接下來四分之一的會議時間，應該討論你們正在處理的問題，或是你們想抓住的機會，也就是艾森豪矩陣（圖 16-2）上面的那一排。小心不要過度把時間用在「急迫」象限的事。「重要」＋「不急迫」的那個象限，幾乎永遠都是董事會最能替組織帶來價值的部分。

圖 16-2：艾森豪矩陣

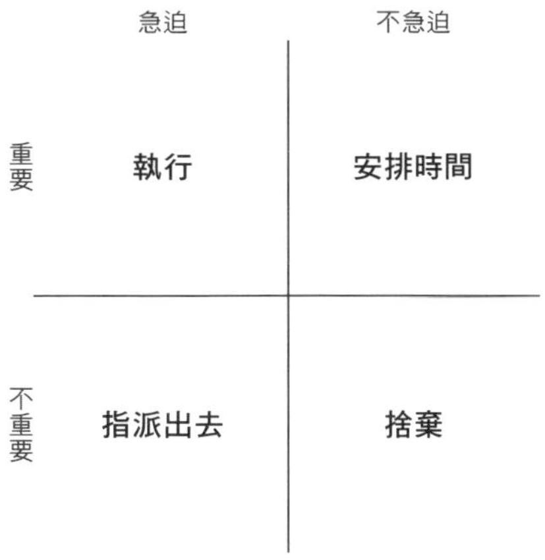

	急迫	不急迫
重要	執行	安排時間
不重要	指派出去	捨棄

　　替接下來四分之一的議程，列出長期的主題。相關主題是長期價值的關鍵驅動力，每兩年循環一次。清單內容要看你所處的產業與情勢，

但共通點是你的組織在那個領域，或許尚未面臨特定的問題或機會，但會受惠於基本的討論。

舉例來說，軟體公司可以選擇定期討論產品路線圖，非營利組織可以每年檢視募款策略。一開始，你可以考慮讓長期主題聚焦於以下五個領域：

- 團隊與領導力
- 產品品質
- 競爭分析
- 供應商分析
- 定價與轉換成本

舉例來說，討論「團隊與領導力」的長期主題，可以不讓目光再放在「吸睛」的議題，例如誰辭職了，或是某個緊急的賠償方案，改成與你的團隊進行有深度的討論。此時你處理長期議題，例如訓練、架構公司的新方法、策略性薪酬、在市場上搶人才，以及公司需要做什麼才能留住優秀員工。

不論我們多努力嘗試，緊急的事總會搶在重要的事之前，在我們腦中喋喋不休。為了避免成為「急事的奴隸」，你要設置預防措施，建立常設行事曆，處理一至二個長期主題，例如以下例子（表 16-3）：

我經營過區域性汽車零件連鎖店，而這種安排正中我當時的問題。面臨競爭對手的圍攻時，我沒清楚意識到敵人構成的威脅，反而把頭深深埋在沙子裡，沒能讓董事會客觀測試與挑戰我的假設。要是我當初讓董事會發揮集體討論的功能，未雨綢繆，就能清楚看見威脅，提前規畫路線，進入我們能成功的市場，不至於最後被迫把公司賣給其中一個競爭者。

表 16-3：策略性董事會時間表

	Q1	Q2	Q3	Q4
奇數年	產品品質	競爭分析	定價與轉換成本	團隊與領導力
偶數年	產品品質	競爭分析	供應商分析	團隊與領導力
奇數年	產品品質	競爭分析	定價與轉換成本	團隊與領導力
偶數年	產品品質	競爭分析	供應商分析	團隊與領導力

　　最後四分之一的議程，不要安排任何事。常見的錯誤是盡量讓會議塞得滿滿滿，以為這樣能把開會的價值最大化。其實不排事情才有辦法留出「空檔」，讓董事有機會提出你原本沒計畫要討論的事（例如我們和蘿拉討論如何擴張她的連鎖診所）。時間很緊的時候，不會出現發想與創意，每個人感到匆匆忙忙，沒時間討論突然冒出的議題。

工具 30：主持董事會議的四步驟

　　你的任務是促成發想與創意，而不是報告事情與回答問題。換句話說，你是管弦樂團的指揮，董事是樂手。如同與顧問對話要套用六步驟架構，遵守以下的四個步驟可以確保董事會議出現最佳結果。

步驟一、說出你的目標

　　先從說清楚目標開始：成功長什麼樣子。這裡要動用的技巧，就跟主持優秀的管理會議一樣。你首先要盡量用最清楚、最簡單的方式，描述你們試圖解決的問題，或是試圖抓住的機會。

　　接下來，你需要清楚告訴董事，你希望他們提供四種中的哪一種：**建議、決策、批准**或**背景**。明講你要請他們做什麼。舉例來說，如果你

想聽**建議**，董事就知道應該把重點擺在測試你的想法、提供架構、挑戰你的假設，以及套用自己的經驗與模式識別，但不會說出聽起來像是在指示的話。

你在說明目標與董事會扮演的角色時，要使用明確的字詞。例如以下是同一個目標，但是請董事會做不同的事：

- **建議**：「關於是否要調漲小型客戶的價格，在我做出決定前，希望聽到各位的建議。」
- **決策**：「我們需要董事會一起決定，是否要調漲小型客戶的價格。」
- **批准**：「我需要各位批准開始調漲小型客戶的價格。」
- **背景**：「我調漲了小型客戶的價格。我想讓各位了解我這麼做的原因。」

步驟二、詢問是否有不清楚的地方

基於「觀點可以因人而異，但真相不能」，在開始討論前，先請每一位董事提出疑問，釐清事實，例如：「你如何定義『小型』客戶？」、「我們的競爭者收相同的服務多少錢？」或「我們上次調漲價格是什麼時候？」

在董事會議主持這個步驟，不同於前文談的管理會議。講白了，董事沒有員工好訓練。為了避免董事會的對話，從發問變成直接討論，先明確指出你們現在要做什麼，不留任何跑偏的餘地，例如：「在我們進入主要的討論之前，我想先確認每個人都了解我們要討論的事，所以首先我要問大家有沒有問題。好了之後，才進入討論。查理，先從你開始。你有什麼不清楚的地方想問？」

明確讓大家知道，你會請每個人輪流發言，讓大家可以專心聽別人

說話。大家知道等一下會輪到自己，就不必想辦法見縫插針。如果有人直接跳到討論（一定會發生這種事），你可以說：「梅琳達，那點值得進一步討論。請稍等一下。等我們完成這部分的提問，我會回到你剛才分享的看法。」接著寫下梅琳達的意見。光是以書面方式做筆記，就能讓梅琳達安心，讓她認為你打算稍後回到她說的話。

步驟三、促成討論

　　你在主持討論時，任務是引出董事會最好的發想與創意。然而，此時會碰上時間有限的重要挑戰。因此你不該浪費任何一分鐘，複述事先給出的資料上提到的任何事。如果那些資料有任何需要補充的地方，那就念出你準備好的筆記。事先想好要說什麼，可以大幅縮減你帶大家了解補充資料的時間。

　　在接下來的討論期間，記得克制你的衝動，不要一有人發言，就想回應。你不需要就董事提到的每一件事，發表自己的看法。這麼做會讓討論熱絡不起來，因為你強迫所有的董事傾聽你對於萬事萬物的看法，會議變成在採訪你，而不是發想與創意的論壇。此外，你一旦不再感到有必要回應所有被提及的事，你將更能專心聆聽。如同史蒂芬・柯維（Steven R. Covey）提醒：「大部分的人聆聽不是為了想了解；而是邊聽邊想要如何回應。」最關鍵的一點是，你發言會打斷董事的你來我往。如果董事彼此交談，你知道你成功了。你在吸收與聆聽，沒忙著回應。

　　你在指揮管弦樂隊時，一定要讓自己聽見所有的樂器。如果有董事比較沉默，那就把他拉進對話裡，例如：「雪倫，我猜你在威靈頓（Wellington）見過類似的情形。你們後來是怎麼決定的呢？」

　　最後，不要讓對話偏離主題。董事會將會十分感激你不時把對話，拉回試圖解決的問題，或試圖把握的機會。如果有人提出很好但不相關的主題，你可以暫時放進「停車場」，後面再進一步討論：「我想確保我

們先解決了漲價這件事，所以我來把剛才的意見寫下來。等到會議的尾聲，如果時間允許的話，我們再回頭討論。」

步驟四、收尾

進行到議程表的下一個主題之前，先總結你認為大家剛才做出了什麼決定，或同意了什麼事——尤其是如果剛才討論得很熱烈，你一言我一語，有的董事因此改變或修正觀點。舉例來說：

- **建議**：「關於是否要調漲價格，各位的指引讓我心裡有數了。我知道該怎麼做決定。剛才我聽到董事會認為……」
- **決策**：「所以我們剛才同意，把小型客戶的價格上調七‧四％。」
- **批准**：「我獲得各位的批准，把小型客戶的價格上調七‧四％。」
- **背景**：「我的目標是向各位解釋清楚，為什麼要調漲七‧四％，背景是什麼，指出相關的意涵與原因。各位還有進一步的問題嗎？」

不論你在會議上講得多清楚，總是有可能發生誤解。會議結束後，寄一封精簡的電子郵件，列出會中同意了哪些事。內容基本上就是重述一遍，你在會議上以口頭方式提出的總結。此時速度比形式重要。記憶的消散速度很快，最好在會議結束後一小時內，就寄出大致總結的電子郵件，不要等過了好幾天，才寄出字斟句酌過的摘要。如果有待辦事項、未來的交付事項，或是要交給任何董事的任務，那就記錄在這封電子郵件裡。

最後再補充一點……

　　我擔任執行長的時候，隨著經驗日漸豐富，我學會在開完每一場會之後，問自己一個簡單的問題：「我會因為這場會議，改變任何的做事方法嗎？」開會的目的不是說服董事會，我人在正軌，而是在促進發想與創意的情境下，尋求與接受董事的建議。我逐漸學到把需要解決的難題，以及需要檢視的重大機會，帶到董事面前，而不是炫耀自己的表現，或是讓董事感到無聊，提一些他們無法做點什麼的背景資訊。我是否因為這次的齊聚一堂，改變任何的做法？這個簡單的問題讓我忍住衝動，不在董事面前歡呼自己的表現，也不讓會議變成歷史課。**我被迫以促進發想與創意的方式開會，讓會議變成創造價值的時間。**

本章重點摘要：顧問群

一、讓幾位顧問齊聚一堂，讓他們自由討論你的問題或機會，帶來**發想**與**創意**。

二、找出該請誰擔任董事的步驟：

　　a.計分卡大約列出五個關鍵條件就好。

　　b.列出你的人脈中可能的董事人選。

　　c.私下聊一聊，尋求他們的建議。

　　d.如果你已經有現成的董事會，那就請可能人選以專家來賓的身　　　分，參加董事會議，觀察互動情形。

　　e.做非正式的資歷查核。

三、用「**四分之一原則**」安排你的議程表：

　　a.提供必要的更新，讓大家了解組織的狀況。

b. 從艾森豪矩陣的上排挑出的重要問題。

c. 長期主題（例如：「團隊與領導力」、「產品品質」）。

d. 留白：有空間處理臨時出現的主題或延伸討論。

四、主持會議：

a. 說明你的目的與董事扮演的角色：尋求建議、做出決定、獲得許可或提供背景。

b. 請與會者**詢問不清楚的地方**。

c. 你有如管弦樂團的指揮，讓討論順利進行，確認所有的樂器都有機會被聽到。

五、不要一有人發言，就想要回應。你該做的是促進成員之間的發想與創意。

六、在每一個主題的尾聲做總結，確認大家都對此同意。

第 四 課

堅守優先順序

第17章

關鍵績效指標

知道番茄是水果叫知識；知道不要把番茄放進水果沙拉則是智慧。

——邁爾斯・金格頓（Miles Kington），英國知名新聞記者

詹多斯・馬洪（Chandos Mahon）經營全美最大的橡膠回收公司。他的公司每年處理超過兩億磅的橡膠，回收後製成副產品，例如遊樂場建材與電力燃料。他們經營著自己的國際貨運碼頭、多間處理廠，以及大型的貨車隊。

詹多斯的事業多年間不斷成長，獲利卻一直持平，彷彿愈來愈複雜的公司管理，永遠會抵銷掉多增的營收。詹多斯問我能不能幫忙解決這個問題，我要他寄用來管理事業的數據。詹多斯寄給我的三份試算表，每一欄、每一列，密密麻麻全是歷史數據，全在描述過去發生的事，卻沒有「關鍵績效指標」（key performance indicator，簡稱 KPI）。KPI 才能協助我做出放眼未來的決策。以我看到的東西來講，也難怪這間公司很難賺到錢。

我看到很多早期領導者都像詹多斯這樣。背後的原因是許多人展開

職業生涯時，主要的工作表現評估方法是看有多會蒐集與呈現歷史數據。這種日積月累的習慣很難改掉。曾經有學生告訴我：

> 在我先前的工作，我製作大型報告，處理數據，做「研究」。那是我的價值所在。然而，我發現那和管理沒有太大的關係。我和公司需要專注於我們要去的地方，而不是解釋我們去過哪裡。我需要明白「歷史數據」與「可行動的資訊」的差別。

　　哈佛商學院團隊曾在三個月期間，以十五分鐘為單位，追蹤二十七位頂尖執行長如何使用時間，最後累積出超過六萬小時的資料。[1] 其中一項關鍵的觀察是那些執行長全都使用簡單的 KPI「儀表板」（dashboard）。他們要求看到一目了然、化繁為簡的事實，而且要能與團隊分享，一起做出會影響未來結果的決策。然而，KPI 很容易和歷史數據弄混，而要了解區別的話，第一步是找到正確的海拔高度。

找到正確的海拔高度

　　我挑戰詹多斯請他回答一個簡單的問題：「如果你只能成功一件事，其他的每一件事都不要管，你會挑什麼事來做？」這個提問違反詹多斯的完美主義習慣。他不懂為什麼我堅持只能挑一件事，但他還是配合我。幾星期後，詹多斯告訴我最重要的事是銷售，但他飛到太高的海拔高度了。[2]

　　我接著問詹多斯，提升銷售最好的方法是什麼。他說最簡單的方法，就是讓客戶喜愛他的服務。詹多斯的論點很簡單：顧客如果開心，就會多買一點他賣的東西，也比較不會跑去競爭對手那裡。顧客開心就等於更多銷售。好，這下子有點進展了。我依據這個資訊，建議他問顧

客本書第十三章「五個問題」列出的五個問題。

詹多斯透過那些問題，發現有一件事會讓客戶很開心。我們知道這個資訊後，設計出讓他的營運繞著那件事打轉的 KPI。詹多斯後來又加上第二個與第三個營運 KPI，現在每天只依據三個數字管理事業。他日後告訴我：

> 我從前直覺想蒐集每一樣東西的數據。現在回想起來，什麼都追蹤比抓重點追蹤容易。然而，我們找出一兩個影響力大的因子後，該怎麼前進很明顯。今日每一位團隊成員都知道我們的三個 KPI。我們努力達成那幾個數字之後，就持續打破利潤記錄。

工具 31：指標 KPI 三特性：關鍵、可行動、可計算

赫伯・凱勒赫（Herb Kelleher）是西南航空（Southwest Airlines）的創辦人與前執行長。我們兩人在帕羅奧圖（Palo Alto）的酒吧聊天時，他告訴我光靠一個 KPI，就拯救了他的公司。故事發生在一九七二年的春天，當時他的公司支票帳戶只剩一百四十三美元，要撐下去的話，就得賣掉一架飛機，而全公司也就四台飛機。西南航空的商業模式是在核心的德州市場，票價比美國航空（American Airlines）便宜，但看來如果西南的成本架構無法以那種價格盈利，低價搶客無法長久。

為了活下去，西南航空必須在十分鐘內，就完成讓旅客與行李全部下機，補充餐點，讓下一班的乘客上機，駛離登機口。凱勒赫解釋：「飛機只有在天上才會賺錢。」整間公司開始全力追求一個 KPI，他們稱之為「十分鐘掉頭」（10-Minute Turn）。由於這項 KPI「**關鍵、可行動、可計算**」，拯救了凱勒赫的航空公司。

「十分鐘掉頭」是**關鍵**指標，因為凱勒赫的飛機得以增加待在天上的時間，也就是說公司能賺更多錢。此外，也是**可行動**的指標，因為能帶來即時的營運決策。舉例來說，空服員不再等整架飛機都清空，才讓清潔人員上場，而是等最後一位下機的旅客走向飛機前方，就開始打掃。等機長向最後一位乘客說再見時，整架飛機已經幾乎完全清理完備。「十分鐘掉頭」是**可計算**的，任何有手錶的人，全都能計算飛機必須駛離登機口的時間。

過往的財報很少能帶動營運決策。然而，哈佛教授克里斯多福・艾特納（Christopher Ittner）與大衛・拉克爾（David Larcker）觀察，僅二三％的企業和凱勒赫一樣，在財務績效以外的地方找到機會。[3] 西南航空的競爭者把頭埋在檢視季度盈餘，凱勒赫的公司管理依據則是單一的KPI，具備「關鍵、可行動、可計算」三項特性，因而能擊敗美國航空。

▌工具 32：KPI 發揮功效四原則

如果要發揮 KPI 的效用，前提是你的 KPI 讓第一線工作人員能懂、能用。KPI 太常只是給董事會與資深領導團隊看的，但他們不是每天做出決定、影響著你的飛機能多快駛離登機口的人員。你的前線團隊才是KPI 的主要受眾。如果要讓 KPI 在他們手中發揮功效，你需要確切掌握**不重複、簡單、頻率、格式**四項原則。

不重複

向團隊溝通 KPI 時，少即是多。首先，淘汰重複的 KPI。舉個例子來講，想像你負責管理電話客服中心。如果你知道掛掉的電話中，有八〇％是因為等候接聽的時間太長，你就不需要同時有「等候接聽時間」與「掛電話」兩項指標。如果你能減少等待時間，掛電話的情形也會跟

著減少。此外，在營運上解決掛電話的方法，八成和處理等候時間過長是一樣的。你選其中一個，就能做到幾乎是一樣的事，而只有一個 KPI 的話，大家會更清楚該怎麼做。KPI 的重點，不在於精確計算營運的所有面向。KPI 是一種工具，引導你做出經營決策。

簡單

今日我們蒐集與處理數據的能力太強大，有辦法導出你的前線組織永遠不會懂的複雜 KPI。回到剛才的例子，我們可以利用等候接聽時間的平均值，定出四十五秒內要接起電話的目標。那種方法很簡單。問題是以下的兩組數字（各五通電話）都會算出同樣的結果：

48, 51, 26, 76, 46 = 平均 49 秒

32, 17, 41, 24, 132 = 平均 49 秒

在第一組數字，只有一通電話符合四十五秒內接起電話的目標，顯示要等很久是「系統性問題」。在第二組數字，一通等特別久的電話，就拉高了整體的平均值。解決「系統性問題」與解決「例外」需要採取不同的做法。

有一個辦法是計算標準差，找出最短時間與最長時間的離散度。[4] 標準差的計算方式是以下的公式：

$$f(x) = \frac{1}{\sigma\sqrt{2\pi}} e^{-\frac{1}{2}\left(\frac{x-\mu}{\sigma}\right)^2}$$

然而，這裡需要簡化，我們不要博士才會算的數學。回到西南航空的例子，凱勒赫在設定 KPI 時，可以分析飛機在天上、在航廈與閒置時間的百分比，拿去對比依據「一天中的不同時段」與「機場壅塞程度」

定出的不同標準。那將是較為精確的資產運用計算方式，但如果採用這種 KPI，凱勒赫的航空公司不會得救，因為每一位行李裝卸人員與登機口的櫃檯人員，將抓著頭感到困惑。

回到電話客服中心的例子。更好的解決辦法是犧牲一定程度的準確度，採取人人能懂的 KPI，例如有多少通電話落入可接受的標準。那種數字很好懂，也順便解決了系統性問題 vs. 特例的問題。每一位電話客服中心的員工，現在只需要了解一個簡單的 KPI：有多少百分比的來電，在四十五秒內被接起。

48, 51, **26**, 76, 46 = 20% 的來電符合標準
32, 17, 41, 24, 132 = 80% 的來電符合標準

頻率

你溝通 KPI 的頻率，要看你的組織能多快依據數據行動，而不是看你蒐集數據的頻率。如果等候接聽時間的問題，主要透過人員配置解決，管理方法是每個月排兩次班表，那就在每次安排班表前，先公布 KPI 報告（一共一個月兩次）。另一方面，如果團隊成員是一天中隨時回應，來電多的時候，從執行不緊急的工作改成支援接聽來電，那麼最好是檢視「每分鐘數據」（minute-by-minute）。

由於蒐集數據有成本，一開始保守一點，頻率要低於你的想像，接著觀察如果增加頻率，能否改善你做出的營運變動。加加看，減減看，直到你溝通 KPI 的頻率，和你依據數據行動的能力是一致的。

格式

精美的格式需要付出代價。你的電話客服中心經理，可以忙著製作令人印象深刻的圖表，準備漂亮的 PowerPoint 簡報，或是把時間用在輔

導員工、招聘新人、耐心安撫不高興的顧客。績效卓越的領導者，不會忍受坐在辦公室劇院裡，看著對實質內容沒幫助的美麗圖片與色彩繽紛簡報。此外，他們知道光是大力守護自己的時間還不夠，還要保護整個團隊的時間。以西南航空為例，他們採取的格式是……總共就一個數字。

最後再補充一點……

凱勒赫找出週轉時間與獲利之間的連結，的確是大功一件。然而，光是找出連結還不足以影響西南航空。凱勒赫的厲害之處，在於他有辦法運用表揚、興奮與獎勵，帶領整個組織為了一個 KPI 動起來。KPI 讓團隊得以做出營運決定，讓公司旗下的飛機待在天上，並對這個景象感到自豪。

西南航空慶祝五十週年時，寫下「十分鐘掉頭」如何拯救這間差點破產的公司。他們的公司搖身一變，成為史上持續獲利能力最佳的航空公司：⑤

這個日後被稱為「十分鐘掉頭」的目標是全體總動員。聽到飛機即將抵達，我們的休息室看起來就像在消防演習。午餐盒被重重關上，聊天聊到一半突然安靜，每個人衝向自己的崗位。在飛機能起飛前，必須完成超過一百件事。就算只有一項慢了，所有的事就會亂了套。也就是說，不論你是機師、餐點人員，甚至是執行長凱勒赫本人，清垃圾或補花生是所有人的事。

▌本章重點摘要：關鍵績效指標

一、頂尖領導者想看到事實以一目瞭然的方式呈現，方便與團隊分享，做出能影響未來結果的決策。

二、先從問自己一個問題開始：「如果我們只能成功一件事，其他的不去管，我會挑什麼事？」

三、評估每個可能的 KPI 是否通過三個測試：

　　a. 關鍵

　　b. 可行動

　　c. 可計算

四、KPI 的格式要方便受眾與前線團隊做出營運決策。記住以下原則：

　　a. 不重複

　　b. 簡單

　　c. 頻率

　　d. 格式

五、KPI 的好處是讓整個組織為了一個目標動起來。

第18章

營運計畫

我如果有六小時砍一棵樹，我會先花四小時磨利斧頭。

——林肯（Abraham Lincoln），美國前總統

麥克·弗林（Mike Flint）替巴菲特（Warren Buffett）開了十幾年的飛機後，思考職涯的下一步該怎麼走。他請老闆提供一些建議，巴菲特於是要他寫下人生中最重要的二十五個目標。幾天後，弗林給巴菲特看清單，但巴菲特幾乎看都沒看，就要弗林圈出前五名。弗林選好後，巴菲特告訴他：「你沒圈起來的每一件事，就是你要『不惜一切代價避免』的清單。在你成功完成前五個目標之前，不要把任何的注意力放在那二十件事情上。」

巴菲特想說的是，排出優先順序不只是要對**不感興趣**的事說「不」。就算是**感興趣**的事，你也得願意說「不」。然而，懷有雄心壯志、充滿創意的管理者很難做到這點。他們會誤以為，只要組織努力跟上他們所有的發想，就有可能完成清單上的所有事項。這種想法的問題，在於他們想出好點子的速度，永遠快過組織的執行能力。這不是因為你的團隊

沒辦法動作快，而是因為你下班開車回家的途中，就可能想到點子，但執行需要具體的行動，例如請人、買設備、找到供應商，還得把所有這些新增的人事物，整合進會計系統——在此同時還要經營原本的事業。

由於野心與現實會有落差，你需要有流程才能掌握優先事項——人們很少會自動放棄大量的好點子。把優先事項制度化的流程，始於你的年度**營運計畫（operating plan）**。

營運計畫不是預算書。預算是對於未來財務結果的預測，本身的價值有限。營運計畫則會說明來年的目標與優先事項、用以評估進度的指標，以及如何從這裡抵達那裡的路線圖。營運計畫讓組織專注於優先事項，形塑與未來有關的決策，讓股東與管理階層一起支持戰術計畫。

▍帶來機會

首先是制定**基線預算（baseline budget）**，也就是團隊認為在不推出任何新方案的前提下將發生的事。[1] 換句話說，如果每個人只繼續做目前在做的事，公司會有什麼樣的表現。

假設你去年已經在兩個新地點開張，那兩間店會讓下一年的營收增加一五％，那麼基線預算會納入這個預期中的營收成長。基線預算會區分「已經準備就緒的東西」與「或許會新增的計畫」。基線預算不需要詳細的細節或很高的準確度，可以只納入你的損益表與 KPI 預測。

有了基線預算後，下一步是讓你的領導團隊，替下一年腦力激盪各種點子。一定要讓團隊盡情揮灑創意能量，不能只有最健談或最資深的成員發言。會議流程一定要請每個人都發表觀點。我們在第十一章「舉行理想會議的七步驟」談過，如何以一個簡單的技巧就做到——指定從資歷最淺的人開始發言。

在腦力激盪的過程中，別忘了參考你們向員工、顧客、供應商與對

手詢問「五個問題」後得知的事。此外，你在主持團體討論時，要記得應用第十六章「顧問群」與第十一章「舉行理想會議七步驟」介紹的概念，盡量加快**發想**與**創意**的步調。

你們替接下來一年想出數個可能的新計畫後，去掉希望不大的幾個，專注於剩下的。方法是增添足夠的戰術細節，感受一下需要花多少的力氣，以及大致成本。假設有一個點子是建立內部業務團隊（inside sales），那就快速列出主要步驟，以及相關的成本與營收。你的白板上可能寫著：

內部業務團隊：

　　雇用一名銷售經理，向莉琪報告

　　史考特雇用兩到三位內部業務代表，向現有的客戶拓展業務

　　目前的銷售代表因此有空和凱蒂一起努力新事業

　　成本 ＝ $75K（經理）、每位銷售代表是 $45K

　　營收 ＝ 每位銷售代表帶來 $200K 的營收，毛利率為 45%

　　六個月的起飛期

一旦篩選出幾個有希望的新計畫，接下來是列出主要的步驟與財務影響，以表格形式摘要點子（表 18-1）。

▌好了，現在把清單刪到接近全空

蘋果的年度規畫流程中，有一個環節是賈伯斯會帶著一百位頂尖的主管，參加年度度假會議，替來年的機會集思廣益。列好清單後，賈伯

表 18-1：營運計畫方案矩陣

	方案A	方案B	方案C	方案D	方案E	方案F	方案G	方案H
利潤影響	中	不清楚	高	不清楚	低	低	高	高
成本	中	高	不清楚	低	高	高	中	低
回收	18個月	36個月	6個月	18個月	48個月	3個月	6個月	立刻
複雜度	低	高	中	低	低	高	中	中
成功機率	高	中	低	中	中	低	高	中

斯會宣布：「我們只能做三項。」[2]白板上的其他每一件事，成為蘋果「不惜一切都要避免做」的清單。為了強調這點，賈伯斯會在一年之中，定期詢問領導團隊成員：「你今天拒絕了多少事？」長期擔任蘋果設計長的強尼·艾夫（Jony Ive）在談蘋果的做法時指出：「專注的意思是拒絕你〔認為〕絕對是空前絕後的點子——你全身的每一個細胞都在吶喊這真的是好機會。」[3]

　　不要擔心，萬一你判斷錯誤，要刪很難，但要加很容易。公司如果接受太多的新方案，有必要減去一些，幾乎沒人會願意砍掉，永遠一開始都會為了全都做，把組織逼到雞飛狗跳，團隊疲於奔命，士氣低落，東做一點西做一點，最後才終於承認失敗。相較之下，如果你發現進度超前，有機會加東西，組織幾乎不必付出代價就能加，八成還能順便提振士氣。

　　太多剛開始擔任領導者的人認為，只要激勵人心，員工富有熱忱，就能做到更多事。然而，最優秀的領導者知道如何設下適當的速限。專注程度恰到好處的組織，表現因此永遠勝過同業。巴菲特說過：「成功與**極度**成功的人，差別就在於**極度**成功的人懂得拒絕大多數的事。」[4]

▎運用顧問

請運用本書第三課「運用顧問」的子技能，和你的顧問討論初步的營運計畫與關鍵的新方案。你可以考慮呈現以下五個元素：

- 讓顧問看你的基線預算與前一年的營運計畫；
- 解釋關鍵的新方案，以及你打算如何評估那些方案；
- 描述你捨棄的最有希望的新方案；
- 實現關鍵新方案的戰術計畫；
- 粗估的預算；在基線預算中加進關鍵的新方案。

見面的目的不是說服顧問，你提出的營運計畫真的很好，而是促成激發發想與創意的對話。換句話說，如果顧問盡到職責，他們將提問與質疑你沒考慮到的事。這是好事，不必覺得遭受打擊。

話雖如此，你只是人，你的情緒還是會受到干擾。記錄顧問的回饋與建議後，先什麼都不要做。你已經把大量的時間與力氣，投入關鍵的新計畫與未來的營運計畫。如果你立刻回應顧問的提問與質疑，很容易掉進**確認偏誤**。任何違反你先入為主的立場的意見，你會想辦法反駁。為了避免出現這種偏誤，在聽到意見後與處理意見前，中間先讓自己冷靜個幾天。

一旦你選定關鍵的新方案，徵求過意見，考慮是否修改，也放入基線預算，接下來是擬定能速戰速決的戰術計畫。很長、很詳盡的計畫會有問題，因為在一年之中，永遠不會有人提起那個計畫——有如藝術作品，被高高掛起，但不是管理組織的工具。找來 4x6 大小的索引卡，寫上每位主管在營運計畫中的基本職責。你甚至可以考慮把卡片放進壓克力相框，擺在每位主管的辦公桌上，讓他們每天都看見自己在營運計畫

中扮演的角色，更能堅定地對任何事說「不」。

十倍的力量

我加入 Asurion 董事會幾年後，他們收到有可能讓公司脫胎換骨的競標請求。當時 Asurion 的員工數是一百五十人，營收不到兩千五百萬美元。有了競標請求後，執行長凱文‧塔威爾（Kevin Taweel）問團隊：「如果我們拿出十倍正常精力，那會是什麼樣子？」團隊原本以為執行長是為了效果而誇大，但凱文來真的。他想運用**十倍力量**，看看如果他們真的投入十倍努力會發生什麼事。Asurion 最後得標，公司營收從此一路攀升，最終達數十億美元。

十倍力量日後依然是 Asurion 的利器，但 Asurion 知道不能隨便動用——只有在找到讓公司脫胎換骨的機會或問題時，才值得放下幾乎是其他的每一項關鍵計畫，只專注於一個優先事項。如果真的要動用十倍的力量，凱文永遠會徹底拿掉團隊其他每一樣工作。如果只是叫大家再多努力一點，效果不會一樣好——而且永遠行不通的。

最後再補充一點……

奇普‧希思與丹‧希思（Chip and Dan Heath）在暢銷書《你可以改變別人》（*Switch*）建議**放大你的亮點**，「找出做得好的地方，多做一點」。[⑤] 如果這個建議聽起來過分明顯，別忘了這本書在紐約時報暢銷排行榜盤踞四十七週。多數人一開始就做錯，經常浪費時間追逐閃亮的新奇事物——我們真正該做的，其實是投入更多精神做已經見效的事，卻把不成比例的力氣，用在挽救出問題的狀況，或是追逐未經測試的點子，冷落有龐大潛力的機會。

雖然的確也有那種罕見的傳奇故事，領袖拒絕放棄困難重重的點子，歷經千辛萬苦後終於成功了，但大部分的時候，一意孤行只會浪費時間，讓組織疲於奔命。最簡單與最快的前進方法，一般是多做已經有苗頭的事：放大你的亮點。

擬定營運計畫時，把基線預算當成起點，尋找已經開啟的門。如果目前的計畫很順利，那就考慮乾脆繼續朝相同的方向奔跑，再快一點，再做一年。不在營運計畫中提出更原創的東西，只要仍然行得通，就持續放大自己的亮點，其實是非常明智的做法。

▎本章重點摘要：營運計畫

一、堅守優先事項是指即便意識到有可能永遠擦身而過，仍然願意向吸引人的點子說「不」。

二、營運計畫不是預算書，內容應該說明來年的目標與優先事項、用來評估進度的指標，以及如何從這裡抵達那裡的路線圖。

三、第一步是制定**基線預算**，也就是團隊認為在不推出任何新方案的前提下，將發生的事。

四、召集你的團隊，替接下來一年腦力激盪出新方案，促成**發想**與**創意**。

五、刪掉前景有限的點子，繼續研究剩下的。方法是加上足夠的戰術細節，了解需要投入多少的力氣與大致的成本。

六、刪掉幾乎是清單上的所有點子。

七、尋求與接受建議。不要向顧問推銷你的計畫；你該做的是取得他們不受偏見影響的指引。

八、當你找到的問題或機會，值得為此拋下其他每一個專案，此時該運用**十倍的力量**。

九、**放大你的亮點**。最簡單也最快的前進方法，就是打鐵要趁熱。朝相
　　同的方向做同樣的事，唯一不同的是加快速度。

第 19 章

薪酬與向心力

如果你挑了合適的人選，給他們機會大展身手，又有報酬做後盾，你幾乎不需要管理他們。

> ——傑克·威爾許（Jack Welch），前奇異董事長與執行長

我女婿換了一份新工作，不但薪水沒增加，獎金還從五成縮水為兩成。雖然他先前任職於兩間大型軟體公司，表現永遠名列前茅，他還是決定這次要嘗試快速成長的小型公司。一般人的想法大概是那這次的工作可以不用像以前那麼累——畢竟給多少錢做多少事，不是嗎？

然而，我女婿和典型的傑出員工一樣，他們努力工作的動機，永遠不是因為雇主拿著錢在他們眼前晃。前史丹佛教授柯林斯旗下的研究團隊，帶來《從 A 到 A⁺》的研究結果。他們蒐集多達三百八十四百萬位元組的數據，總結出獎酬計畫帶來的經濟利益，其實**並非**驅動行為的因子：

我們原本以為會發現，激勵制度出現的變化，與從 A 到 A⁺ 高

度相關，尤其是如果提高主管的誘因，……〔但〕我們沒發現
系統性模式。

如果你讓正確的主管上車，他們就會竭盡所能打造出卓越的公
司。原因不是他們能從中「得到」些什麼，單純是他們無法忍
受不優秀。

這個發現違反了正統的講法：一般認為可以透過財務獎勵，增加勞
工的產出。那個過時的看法假設，優秀人才會保留一部分的力氣，直到
拿到更多錢。然而，如果你運用了本書第一課「打造卓越團隊」的概
念，你已經聚集一群優秀的人。他們不會因為你拿出更出多錢引誘他
們，才變得更努力幹活。

公司能有出色的表現，其實是因為一群有能力、有幹勁的人齊心協
力。人是複雜的生物，他們更受其他的因素影響，包括他們獲得的評
價、他們是否感到工作有趣、他們如何看待公司與老闆，以及身處傑出
的團隊。瀚納仕人才管理諮詢公司（Hays Specialist Recruitment）所做的
民意調查顯示，七一％總受訪者表示，如果有他們想要的福利、公司文
化與職涯成長機會，他們願意接受薪水較低的工作。[1] 有的家庭沒有接
受低薪工作的餘裕，但數據顯示多數人願意犧牲部分的薪水，交換可以
做喜歡的工作。

也就是說，隨績效浮動的變動薪酬（variable compensation）很重
要，但不是因為你能透過經濟報酬，讓優秀的團隊成員更努力工作。員
工想了解公司對自己的期待，也想清楚知道公司的評估方式，以及做得
好有什麼獎勵。優秀的領袖把變動薪酬視為一種制度化的流程，可以處
理相關的員工渴望。如果設計得當，變動薪酬是很有用的工具，能讓團
隊設定與堅守優先事項。

變動薪酬

薪酬有三種主要的類別：**基本薪酬（base compensation）、福利（benefits）**與**變動薪酬**。了解這三種薪酬如何相互搭配，就能設計出策略性薪酬計畫，鼓勵團隊跟著優先事項走。

基本薪酬與福利是可預測的——你知道自己有多少薪水與健保方案。基本薪酬因此讓員工能制定家庭預算，替未來的支出儲蓄（例如存大學學費、房子頭期款）。福利同樣也是可預期的，但和薪水不同的是，在不同員工心中，福利的價值有可能不一樣。同樣的，每年替公司增加一萬美元成本的健保方案，對尚未結婚生子的員工來講，以及對要負擔配偶健保的員工來講，價值不一樣。有的人看重頭等艙機票，有的人則願意搭經濟艙就好，換取更高的基本薪酬。

設計福利時，小心不要齊頭式平等。你不需要包下整個勞動市場；只要替職缺找到人就好。你的公司只要有幾項特別突出的福利，就能吸引到夠多符合聘僱需求的應徵者。不要採取「我們也有」、但沒人感興趣的福利策略。

在考慮任何的變動薪酬之前，你需要先提供足夠的基本薪酬與福利，以滿足團隊的安全感需求。如果你想利用製造員工的經濟壓力和焦慮，刺激他們更努力工作，提振績效，幾乎永遠都不會成功。

變動薪酬能明確指示你希望員工把力氣用在哪裡，接著要有配套的成功獎賞機制與獎勵制度。這種強大的工具能協助你設定與堅守優先事項。首先第一件事是不要把變動薪酬變成你調節資金的管道，按照公司的年度表現來增減支出，例如依據整體獲利來分紅或發放年終獎金。這樣的制度會吸引平庸，趕走卓越，因為以相同方式獎勵每一個人的方案，代表績效差的人被提上來，績效好的人被拉下去——吃大鍋飯就是這麼一回事。此外，大家都一樣的分紅，不會強化個別團隊成員分配到

的優先事項。

你提供變動薪酬方案的對象，不該看年資或變成地位的象徵。你該看的是團隊裡哪些成員的職責，直接影響著能否達成 KPI 與營運計畫的成敗。如果公司的成功要靠「十分鐘掉頭」，那麼分紅給財務長的效果，將不及分紅給負責補充機上花生的團隊。

薪酬、KPI 與營運計畫

變動薪酬應該直接連結到 KPI 和營運計畫，引導團隊專注於達成那些目標並據此獎勵。你向團隊揭曉營運計畫與 KPI 時，讓變動薪酬計畫集中在那上面，藉此強調你要的優先順序。表揚與獎勵個人在「十分鐘掉頭」中扮演的角色，與平分上一季的損益，差別就在這裡。

由於組織一次只有辦法專注於少數幾個 KPI 或優先順序，你要避免亂槍打鳥的陷阱。不要列出太多一點都不重要的元素。最理想的變動薪酬計畫有一到四個衡量指標，每一項都符合營運計畫，每一項都符合最後的報酬。

工具 33：S.M.A.R.T. 目標

杜拉克的《彼得·杜拉克的管理聖經》（*The Practice of Management*）一書讓好記的 S.M.A.R.T.（聰明）原則廣為人知，每個字母分別代表：[2]

- 明確（**S**pecific）
- 可衡量（**M**easurable）
- 可達成（**A**ttainable）

- 相關（**R**elevant）
- 時效性（**T**ime-Bound）

明確與可衡量

如果不知道要瞄準哪裡，很難擊中目標。如果你告訴經理，他們的獎金要靠「讓款項到位」，但沒**明確**定義那是什麼意思，也沒說明你打算如何**衡量**成效，那就不必期待會成功。如果要改善你的收款，讓員工努力，你需要制定明確與可衡量的目標。

明確與**可衡量**的主要障礙是倉促與圖省事。相較於隨口叫大家「讓款項到位」，設定出「三月底前必須將超過九十日的尾款，降至四萬美元以下」的目標，需要你多花一點力氣，但成功率會大幅提升。不容易提出數字目標的優先事項也一樣。要是沒有明確與可衡量的目標，成功的機率同樣不會高。非數字的目標也能明確與可衡量──只是你需要多花一點力氣。

回到第十二章「委派工作」的例子，我們交代了這個任務：

> 我們需要依據類別（辦公、倉庫、車輛存放），預測各需要多少平方英尺的空間，而且要位於開車二十分鐘，就能抵達關鍵客戶所在地的地理圍欄內。

依據明確與可衡量的概念，在負責此事的員工變動薪酬中，加進明確與可衡量的元素，提升成功的機會：

> 你第一季的獎金二五％將來自判斷我們應該續約，還是該搬到新地方。我等你列出以下事項報告：（i）各部門需要多少平方英尺的空間；（ii）三個開放出租的地點；（iii）開車時間地

圖……

　　你顯然一開始需要額外出力，才有辦法列出這樣的要求。然而，你把變動薪酬計畫與你指定的任務綁在一起後，所有的事一清二楚。你和員工都有辦法衡量成功。

可達成與相關

　　你需要讓旗下最優秀的員工，感到自己的能力足以完成計畫。在員工眼前晃著工作獎金，希望他們會因此更努力工作，這種管理組織的辦法很簡單。然而，這個世界不是那樣運作的。我的史丹佛同事傑夫瑞・菲佛（Jeffrey Pfeffer）教授寫道：「很不幸，領導沒有太多的捷徑——用畫大餅來解決公司問題，就不屬於有效的辦法。」[3] 你還得運用以下兩個簡單的概念，加進**可達成**這項條件。

　　首先是設定目標時，讓你的經理有八成機率能完成基本計畫。接下來，利用浮動式目標來計算獎金，避免贏者全拿的結果。你提供八成的擊中基本目標的機率，但保留獎勵超常發揮的空間，增加經理感到可達成的結果範圍。

　　舉例來說，假設計畫與每一季能留住多少顧客有關。營運計畫瞄準每季要留住九四％的顧客，經理的激勵性薪酬，因此始於九四％的顧客留存率，但如果留存率達到九六％，將有額外獎勵。此外，如果只差一點點就能達成目標，還是可以拿到部分獎金（表 19-1）：

　　可達成的計畫的第二個元素，是盡量增加員工掌控範圍內的事。我替我的第一位財務長設定獎金計畫時，條件包括他的部門符合支出預算。然而，那個預算包含我的財務長無從控制的事，例如租金（那是租約規定好的）與保費（隨員工總數增減）。我於是刪掉他的獎勵計畫中的那些項目，依據調整過的預算，評估他的表現是否達標。經過調整的預

表 19-1：獎金計畫範例

	達成百分比				
	0%	25%	50%	75%	100%
顧客留存目標	92%	93%	94%	95%	96%
獎金金額	$-	$1,250	$2,500	$3,750	$5,000

算比較是他能掌控的。

時效性

　　獎金的發放頻率，至少要每季發放一次。如果時間再拉長，人們會不知道是為了什麼而獎勵，獎勵效果會變差。此外，一年發放一次的獎金，將太晚獎勵發生在年初的好表現。舉例來說，如果你請經理在一年中的第一季，就打造好內部業務團隊。在年度獎金的制度下，你將在事情過了九個月後，才獎勵那位經理。此外，每季計算一次績效，可以避免計畫中的主觀元素受近因偏誤影響。近因偏誤會導致我們過分重視一年中較晚發生的事，造成第一季表現良好的人吃虧，過度獎勵好表現落在年尾的人。

　　此外，一年一度的獎勵計畫也會降低積極程度，獎勵和表現離得太遠了。六個月後才表揚成功的專案或方案，將浪費獎勵計畫中與金錢無關的面向。此外，年終獎金沒考量到一年中自然會出現的高低起伏。如果有人在上半年跌了一大跤，那麼在年度獎勵的制度下，不論他們下半年表現得有多好，也拿不到任何獎勵。相較之下，如果每一季都從頭計算，他們就能重新開始。最後，每季計算一次的制度，將每年帶來四次獎勵與提供回饋的機會，符合立即績效回饋的精神。

質性目標：九十天計畫

營運計畫通常涉及對公司的長期成功來講很關鍵的工作，但不會帶來立即的財務結果，或能直接用數字計算的東西。舉例來說，新型獎勵方案的好處，不會直接立刻顯現在新銷售上，卻對組織的長期成功來講很重要。解決辦法是以九十天計畫（90-day plan）的形式納入質性目標。

九十天計畫也該納入 S.M.A.R.T. 原則。例如你明確提出，佣金計畫將如何讓目前的銷售人員轉換到新計畫，以及新計畫將如何影響到人才招募，以及處理任何的員工流動率。最好還能補充相關細節與里程碑，其中許多將來自共創。以這樣的方式分拆步驟，也能協助你更精準地評估整體目標有多可行——等於順便顧及「可達成」的概念。

由於你的職責是協助達成九十天計畫，而不是袖手旁觀，你需要加進里程碑。舉例來說，如果營運計畫要在第一季設計好新的佣金制度，那就加上臨時步驟，在該季之中提出佣金計畫草案，看看是否一切順利，及時協助做出任何必要的修正，以求能達成九十天計畫。記住，你的目標不是等著看員工是否成功，而是確保他們能成功。

我發現透過把營運計畫中的主觀面向制度化，納入員工的變動薪酬，也能協助我本人遵守組織的優先事項。我們太容易想派更多工作給員工，而代價就是破壞仔細考慮過優先順序的營運計畫。我以書面方式提出與營運計畫密切相關的九十天計畫後，就比較能抵擋住誘惑，不會在一季之中塞更多工作給團隊。由於書面計畫必須符合 S.M.A.R.T. 標準，我不得不完整描述我對員工的期待。

給錢要大氣

明確讓團隊看到，你想讓大家拿到最高額的獎勵。首先是該給的獎

金要立刻給。你重視的團隊成員達成目標時，不要一副對他們的戰果興趣缺缺的模樣，還要等曠日廢時的行政作業撥款。在每季的最後一天過後，幾天內就把支票遞到他們手上，表達你的興奮之情。

如果你的發薪系統有辦法做到，不要把獎金藏在固定的薪水裡。用紙本的支票把多給的錢交到員工手上。如果可能的話，親手交給他們，順便感謝他們，恭喜他們做得很好。由於我想讓支票數字符合說好的獎金，我會多給一點，補上要繳的各種稅和預扣。舉例來說，如果某個人的獎金是一千美元，我不會因為必須先扣除稅金與社會安全福利，讓他們實際到手的數字不足一千元。我會給他們**稅後**的一千元。看到自己手裡有完整的一千塊，跟拿到扣完稅的八百七十九‧六三元支票，激勵效果差很多。

最後，可以視情況考慮在你的變動薪酬工具箱中，加進社交活動。以我的公司為例，我稱這個制度為**「狂歡夜」**（night-on-the-town）④，我會安排員工享受公司出錢的「約會夜」。由於員工通常不確定可以花多少錢，我永遠強調公司要他們放心吃吃喝喝：

> 佩姬，我太開心能頒這個獎金給你。我希望你和先生能一起慶祝你這一季的優秀表現。我已經先跟班羅伯茲牛排館講好了。你辛勤工作的成果，應該兩個人一起慶祝。我要看到帳單上有甜點和水酒──還有保母的費用。狂歡夜的錢我出了。

我們的狂歡夜除了表達對團隊成員本人的謝意，還順便招待配偶，讓他們可以看到另一半有多優秀，員工夫妻倆一整個晚上只要想到公司就開心。

▍從舊方案過渡到新方案

　　薪資對每個員工來講都是敏感議題。你打算變動的時候，因此必須謹慎、耐心與為員工著想。你讓公司轉換至新計畫時，永遠別忘了，員工有帳單要付，有假期要規畫，還得存錢給孩子念大學。讓員工為了不確定還養不養得起家人而發愁，不會讓他們有心力配合組織的優先事項。焦慮不是能讓人奮發向上的情緒。

　　你在轉換與變動員工的薪酬方案時，要採取逐步的方式。一開始大概該從你的直屬下屬開始。目標是讓眾人對計畫的健全度有信心，對新機制感到安心，並且在推廣到下一個層級的員工之前，先處理好任何有問題的地方。

　　你可以在一開始的前幾季，先保證最低獎金。在員工最初觀望與體驗新制度的運作方式時，先讓獎金只會更高不會低，員工就不必焦慮最後到底能拿到多少薪水。此外，由於獎金計畫是為了協助你設定與支持優先順序，即便在頭幾季試行時給予保證薪資，照樣能夠達成大部分的目標。

　　如果你還沒有獎金制度，或是獎金是底薪的多少百分比，目前尚低於你的目標，可不要調降任何人的底薪，然後用獎金來補，而是把未來的薪水納入變動薪酬。舉例來說，假設員工一年的底薪是 $75,000 美元，沒有變動薪酬，而你希望讓他們的目標薪酬有一五％是變動的（$63,750 的底薪，外加 $11,250 的獎金，一共是 $75,000）。此時你要做的，不是砍他們的底薪，而是先讓他們在底薪 $75,000 之外，有可能拿到較低的 $5,000 獎金。到了隔年，不是和一般做法一樣漲底薪，而是放進他們可以爭取的獎金。累積幾年後，你甚至不必降低他們的底薪，就能達成一五％的變動薪酬，同時還能達成本章列出的目標。

最後再補充一點……

我的史丹佛同事哈雅格列瓦（哈吉）·拉 （Hayagreeva "Huggy" Rao）有一次告訴我，當責（accountability）的重點不是列出一堆指標，而是員工心中感到這是我的事。[5] 我在當執行長的時候，把哈吉的建議記在心裡，桌上隨時擺著一疊五十美元鈔票和一百美元鈔票。如果我看到或聽到特別傑出的表現，例如有員工成功挽回不開心的客戶，我會遞出一張鈔票，當成「意外之喜」。[6] 我喜歡這個方法，因為我猜員工不會立刻花掉那張鈔票。每次他們打開包包或皮夾，就會看到那張鈔票，想起自己做得很好與我的感謝。此外，如果有經理提醒我有臨時發獎金的機會，我營造的文化也會讚美這些經理。我希望讓我的領導團隊，也隨時停看聽有沒有機會獎勵與表揚他們的團隊成員。

此外，意外之喜型的獎金制度，帶來很多的樂趣。我第一間公司位於德州，我找來一隻裝飾著銀色馬刺的牛仔靴。在每月的營運會議上，那隻靴子會被擺在會議桌的正中央，裡面塞著給某個部門人人有獎的信封，有現金獎勵或其他形式的意外之喜，例如牛仔競技表演或農牧博覽會的門票。整間公司每個月都會等不及要知道，哪個部門「拿到靴子」。在會議結束時，我會營造高潮，把靴子交給桌邊的一位經理。那位經理會把信封分給他的團隊，然後自豪地把靴子擺在自己的辦公室，直到下一個月。那隻靴子成為流動於部門間的獎盃。

本章重點摘要：報酬與向心力

一、運用變動薪酬，讓員工了解公司的優先事項，集中團隊的注意力，積極計算結果，順便獲得定期的回饋與輔導機會。

二、依據你的營運計畫與 KPI，制定變動薪酬的頒發指標，而不是看公

司的整體財務狀況。

三、運用 S.M.A.R.T. 原則，妥善設計變動薪酬計畫：

 a. **明確**與**可衡量：**如果你不知道要瞄準哪裡，很難正中目標。

 b. **可達成**與**相關：**你的團隊需要知道，自己有能力完成計畫。

 c. **時效性：**至少每季發一次獎金，製造更多機會來表揚好表現、提供回饋與維持積極想達成的心情。

四、替質性目標制定九十天計畫。記得要應用 S.M.A.R.T. 原則。

五、給獎金要大氣，立刻給，親自給。

六、接下哈吉提出的挑戰：運用「意外之喜」表達你對員工的感謝，讓大家專心達成組織的優先事項，製造出興奮感。

七、獎金計畫提供的經濟收益，目的不是驅動行為，而是引導團隊致力於共同的目標，獎勵成功達標。

執著品質

第 20 章

品質能帶動利潤

我們不想把自己的點子強加在顧客身上，我們只想製作顧客要的東西。

——蘿拉．艾希利（Laura Ashley），英國同名時裝品牌共同創辦人

我的第一間公司差點倒閉，但不是因為競爭對手太強、支出上升，或德州碰上能源蕭條——而是因為服務太差。我當時二十九歲，靠著投資人的錢，從第三代手中買下一間家族企業。那是一間赫赫有名的企業，在我入主前，客戶相當死忠，平均和這家公司做了一一．四年的生意——我永遠忘不了那個數字。

MBA 教育告訴我，利潤來自增加營收，降低成本。技師的動作愈快，雇用的銷售人員愈多，賺的錢就愈多。我因此那樣做了。我讓業務人數增加三分之一，要他們全力銷售，能賣多少是多少，速度愈快愈好。我催促現場員工必須在更短的時間內完成工作，砍掉加班費，還在貨車裡裝監視器，減少燃料支出。公司也為了省錢，換成便宜的健康保險計畫。

有六個月時間，利潤增加了，跟我的教授說的一樣。然而，再來就

豬羊變色。我得知有二十三年的老客戶離開，服務經理也跳槽到競爭對手那——據說在我來之前，這間家族企業八十八年間不曾發生過這種事。員工士氣低落。愈來愈多優秀的人才離職。我們出門提案時，成交率開始下降，因為對手散布我們的公司陷入麻煩的消息。

　　我本該早點離開辦公桌，到現場和客戶聊，找出發生什麼事。蓋茲有一句名言：「你最不滿的顧客是最好的學習寶庫。」[1]天啊，就是在說我。我對於自己看到、聽到的事感到羞愧，打電話給顧問，告訴他情況。顧問給了我明智的建議，叫我去讀前北歐航空（Scandinavian Airlines）執行長傑恩‧卡爾森（Jan Carlzon）寫的《關鍵時刻》（*Moments of Truth*）。

北歐航空用系統提升品質

　　卡爾森一九八一年上台時，接掌的是全歐洲表現倒數的航空公司。他跟我一樣，想要增加利潤，但不一樣的是，他懂最簡單、最持久的賺錢方法，其實是提供過人的顧客體驗。卡爾森沒仰賴口號、行銷或員工激勵，而是靠戰術提升品質。卡爾森找出顧客在意的事，接著改變營運方式，滿足那些要求。卡爾森建立系統，追蹤飛機的準點率（on-time performance），並把決策權交給前線員工。卡爾森用新方法做生意：不是靠一張嘴，而是透過系統來支持顧客眼中的品質。

　　我開始明白，我的 MBA 訓練缺了最關鍵的賺錢面向。品質影響獲利的程度，勝過公司任何的營運面向。品質會對銷售、定價與支出，產生正面的影響。卡爾森上任三年後，北歐航空變成歐洲最準時的航空公司，兩度榮獲年度最佳航空。此外，公司也賺錢了。卡爾森接手時，公司每年虧損八千萬瑞典克朗。三年後，公司**獲利**是八億克朗。卡爾森的書和他的哲學，永永遠遠改變了我對於賺錢的想法。

品質帶動銷售：安索夫矩陣

品質不僅會帶動銷售，還是最便宜和最簡單的方法。這個講法獲得數據的證實。貝恩策略顧問公司發現，顧客體驗勝出的公司，營收成長速度比競爭對手快四％到八％。[2]

如果要了解原因，首先要了解四種增加營收的方法。我是從理查·里斯（Richard Reece）那兒學到這點。理查成為鐵山公司（Iron Mountain）的執行長時，員工七十人，營收三百萬美元。理查退休時，一萬七千名員工帶來超過三十億美元的銷售。我有幸和他一起擔任董事。有一天，他掏出一支黑筆，畫出二乘二的矩陣給我看（圖 20-1）：

圖 20-1：安索夫矩陣

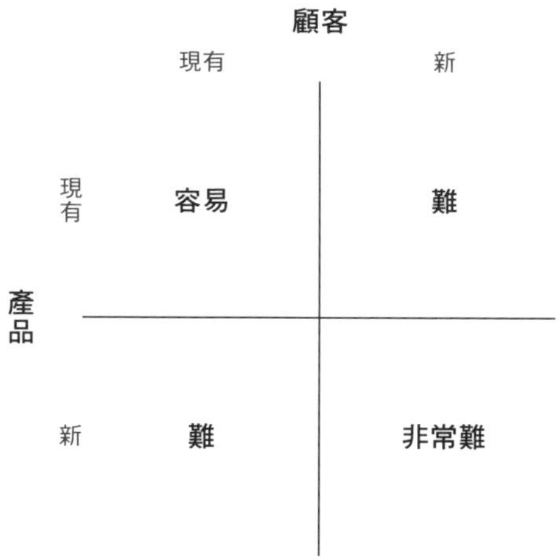

理查畢業於克萊門森大學（Clemson University），講話帶有明顯的美國南方口音，把人吊在句子的一半。他用安索夫矩陣（Ansoff matrix）

解釋，現有客戶帶來的營收，利潤會比較高，因為回頭客更會長期購買、買的量也多，也更會積極把你推薦給別人。另一方面，如果是新客戶，你則需要從別人那搶走他們。

我事後確認吸引新客戶，的確比留住現有的客戶貴六到七倍。[3] 理查的觀點認為，在這個時間與資源有限的世界，公司應該先從已經在和自己做生意的顧客著手，讓營收最大化，而方法最好是販售公司原本就知道如何製造的產品。

當然，如果你要打造大公司，最終還是需要懂如何引進新顧客，製作新產品，畢竟理查的公司最終服務二十五萬名客戶，事業版圖遍及五十八國。不過，他的論點是你應該先透過已經在提供的產品與服務，照顧目前的顧客，**然後才**拓展至用新產品服務新顧客——理由很簡單，這樣比較容易、比較快、比較便宜。

然而，如果你想獲得現有客戶的更多生意，你要下的賭注是提供高品質的顧客體驗。某個人一旦體驗過你的產品或服務，結果你讓他們失望了，後續花再多的推銷與行銷力氣，他們也不會再跟你買。現有的客戶已經知道，跟你買東西會發生什麼事。如果他們開心，你很容易能再多賣一點。如果他們不開心……那就祝你好運。

這一切很重要的原因在於雖然如果人們喜歡自己獲得的體驗，他們會向你買更多東西，但只要有一次體驗不佳，五九％會極度願意或非常願意換廠商。[4] 老實講，我還奇怪數字怎麼沒達到百分之百。當你品質變差，競爭對手又想搶你的顧客，你很難說服人們再多買你現有的產品，或是嘗試新產品。

然而，管理者刺激銷售的方法，太常是加強銷售火力，沒意識到增加與維持品質才是更簡單、更快、更便宜的方法。我已經直接參與超過一百間中小型企業的採購或管理。在幾乎是每一個例子，公司會雇用新的銷售人員，改善網站，投資行銷。在每一例子，透過這些方法刺激營

收，效果都不如預期。如果產品普通，再厲害的銷售引擎也賣不動。厲害的銷售人員能協助你踏出成功的第一步，或是做成最初的生意，但如果產品或服務不怎麼樣，再多的行銷或推銷也無法協助你擺脫顧客的刻板印象。

我的意思不是行銷或推銷沒價值。品質令人興奮的地方，在於品質會在你的銷售與行銷組織，帶來值得留意的「良性循環」。魚與熊掌有辦法兼得。販售最佳品質的產品或服務的公司，將吸引到優秀的銷售人員，因為他們能在這樣的公司賺到更多錢。銷售人員清楚品質比較好的商品，能賣出去的量也更多。販售高品質產品的公司，最後會有最優秀的銷售與行銷人員——進一步加速銷售成長。

▎品質有利於定價

品質與獲利另一個有關聯的地方，在於定價能力。顧客願意多付一七％的價格，跟提供高品質產品的公司做生意。[5] 如果你賣的東西品質不佳則會反過來：讓人購買品質較差的商品的唯一辦法，就是降價——一般必須降很多。

在此同時，**影響獲利最大的槓桿點就是定價。增加（與調降）定價會直接影響盈虧，因為不論價格往上或往下，商品成本是一樣的**。以典型的公司來講，僅漲價五％就可能讓獲利提高五成（表 20-2）。

品質與價格還有另一個連動。顧客預期高品質的產品通常價格也比較貴 —— 又一個「良性循環」。我們來看下面這個例子。葛蘭藥廠（Glaxo）推出治胃灼熱的善胃得（Zantac）和史克必成藥廠（SmithKline Beecham）的泰胃美（Tagamet）競爭時，沒把價格定得和對手一樣，反而讓善胃得的價格比泰胃美**高**五成。[6] 葛蘭知道善胃得有優勢，例如需要服用的頻率，以及副作用較少。葛蘭利用收取更高的價格，向買家釋

表20-2：定價影響

	基線	價格調漲五％
營收	5,000,000	5,250,000
商品成本	3,000,000	3,000,000
行政成本	1,500,000	1,500,000
利潤	500,000	750,000

放品質不一樣的訊號。[7] 唯有在產品比人好的情況下，才能那麼做。葛蘭的做法奏效。善胃得因為價格高，利潤連帶較好，還在市場上擊敗泰胃美，因為高價讓顧客假設善胃得是更好的選項。

品質能降低成本

菲利浦・克勞士比（Philip Crosby）在一九八〇年出版《品質是免費的》（*Quality Is Free*）。人們想起他，就會想起品質是免費的，不過這句話是他從舊東家 ITT 的上司那學來的——著名的工業家哈羅德・傑寧（Harold Geneen）。這句話出自兩人在討論公司的某個營運問題。傑寧說：「我不懂為什麼他們要反對品質。那是免費的。」

傑寧和克勞士比日後向廣大的商業社群解釋，品質的意思，不是把所有能想到的功能或服務全放進去——因為顧客不會為了自己不重視的功能掏錢。品質是仔細思考顧客的要求，然後做到。如果你設計出以某種方式運作的產品或服務，也知道顧客會願意為了那些功能付費，那麼那些功能的成本會內建於定價。

品質真正的成本是「做出優秀產品需要的成本」和「與製作普通產品有關的直接成本」的**差價**。舉例來說，品質不佳的內耗成本（internal cost），有可能包括修理保固期內的產品，或是修正軟體問題。品質的外部成本包括流失顧客、產品退貨、口碑受損。品質是免費的，因為大部分的時候，好品質的額外成本，會被壞品質的成本抵銷。

　　人們一般只會想到與好品質相關的支出，忘了考慮彌補糟糕品質的支出。克勞士比依據老闆告訴他的話建立架構，日後成為一流領袖了解品質的標準（圖20-3）。[⑧]

圖20-3：品質成本

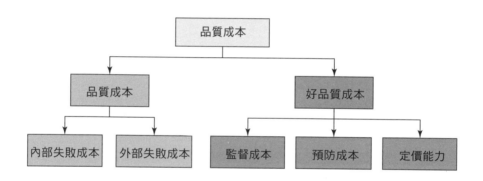

　　管理者會低估壞品質的成本，因為其中僅一五％很容易就能觀察與量化。豐田汽車（Toyota Motor Corporation）的品質專家大野耐一表示：「不論高階主管認為糟糕品質帶來的損失是多少，實際上會是六倍。」[⑨]重製、瑕疵、保固和退貨有辦法知道，有辦法計算，但更大的支出則很難看到，例如損失銷售、意外、逾期應收帳款、員工流失率、趕出貨。

　　以我自己的情況來講，我們體會過大野耐一談的能省下的成本。我們讀了卡爾森的書之後，著手改善品質，不再需要讓技師重新回到客戶那裡修正問題。我們的客戶流失率顯著下降。員工流失率也減少，因為雖然每天都會碰到不開心的客戶，團隊的日子很難過，我們一旦重返往

日榮光，再次成為品質最好的供應商，人們想要替我們工作。我們讓公司品質成為招募人才的利器。我們的努力有了成果。原本跳槽的頂尖人才，有的又從對手那回來了。這些事替我們省下的種種成本，遠超過提升品質帶來的成本。我們在四年後把公司賣給花旗創投（Citicorp Venture Capital）時，我們是業界獲利最高的公司。

最後再補充一點……

在今日的世界，資訊會瞬間在網路上散播開來。執著於品質也因此更加重要。十年前，五四％的人會把不好的顧客體驗，講給超過五個人聽。如果是好的體驗，會說出去的人數也差不多。[⑩] 然而，那是十年前。想一想，今日只要在 Deets、Angie's List 或 Yelp 等評論網站打幾個字，同樣的心得就會向全世界廣播。

如果最優秀的銷售人員，想替產品最優秀的公司工作……而且賣東西給現有客戶比找到新客戶簡單……再加上留住現有客戶比找到新客戶便宜七倍……而且你能憑著高品質定更高的價格……而且成本會因為品質提升而下降──那麼增加獲利最容易、最快、最便宜的方法，顯然**不是**雇用更多的銷售人員，**不是**推出行銷活動，也**不是**拓展至新市場或新產品，而是專注於改善現有產品的品質。

本章重點摘要：品質能帶動利潤

一、品質能增加銷售。回頭客更會長期購買、買的量更多，也更會積極把你推薦給別人。

二、安索夫矩陣：刺激營收的方法，首先是賣更多同樣的產品或服務給現有客戶。不過，這個方法要行得通的話，你必須提供高品質的產

品或服務。

三、就連優秀的銷售人員,也賣不動平庸的產品。

四、一流的銷售人員想替提供高品質產品的公司工作。

五、品質能強化定價能力。影響獲利最大的槓桿是定價,而影響定價最大的槓桿是品質。

六、品質會降低成本。品質真正的成本是「做出優秀產品需要的成本」和「與做出普通產品有關的直接成本」的差價。

第21章

走在拖拉機後面

花很多時間和顧客面對面談話後，你會訝異世上有多少公司不聽自家顧客說話。

——H・羅斯・佩羅（H. Ross Perot），

電子數據系統公司（Electronic Data Systems）創辦人

　　我父親是中型的農用設備製造商老闆。他從來不曾直接販售任何東西給農人，因為這一行和汽車一樣，中間透過經銷商販售。然而，我在成長過程中，不曾踏入任何經銷商的營業處，而是週末和父親一起在田間散步。爸爸會手上拿著錄音機，走在拖拉機後面，聽農夫講他們購買的收割機，在雨後的泥濘土壤上表現如何。農夫不是父親的客戶，但父親知道客戶與末端使用者的區別。他教我**走在拖拉機後面**的重要性。

　　數十年後，我共同創辦的非有害廢液處理運輸車公司，成為全國最大的業者，但我在過程中忘了要**走在拖拉機後面**。大部分的市政府都要求，餐廳必須裝設除油池，減少排放至公共下水道的油汙。除油池又必須定期清理，我們於是決定進入此事業。

我們原本的事業有著現代化的貨車隊，維持著光鮮亮麗的形象，司機天天穿著嶄新的制服。此外，我們自行處理廢液，因此比對手更有成本優勢。我們在推銷除油池的新服務時，也主打同樣的特色。連鎖餐廳的總部人員喜歡我們的提案，我們開始獲得大量的客戶，生意興隆，然而抱怨卻開始湧入。

清理除油池的時候，需要拖一條管子到餐廳，接著發動吵死人的幫浦，而且打開除油池後，臭氣沖天。然而，我們要求司機必須見到餐廳經理，因此司機必須在營業時間過去，也就是在餐廳準備餐點、迎接顧客上門的時刻。餐廳經理不在乎我們比別家便宜幾塊錢，也不在乎我們的司機穿了制服。對他們來講，有品質的除油池服務，要趁餐廳沒顧客的時候上門，快速進出，不引人注目。餐廳經理覺得我們的產品品質比對手**差**，因為我們對於品質的定義，跟末端使用者重視的事毫無關聯。我竟忘了父親教我的「走在拖拉機後面」的道理。

▋烏比岡湖效應

烏比岡湖效應（The Lake Wobegon effect）屬於**確認偏誤**的一種。名字來自美國全國公共廣播電台（NPR）的一檔節目。有一個虛構的小鎮叫烏比岡湖。每集節目的開頭都是旁白描述在這個小鎮，「所有的孩子都在平均水準之上」。這當然是逗趣的講法，因為以數學定義來講，有一半的孩子高於平均，一半的孩子低於平均。一九八一年時，有一項研究得出好笑的結果：高達九三％的美國駕駛自認技術「優於平均」。這種現象因此被命名為烏比岡湖效應。[1]

大部分的企業領導者在替自家的產品或服務評分時，也會出現烏比岡湖效應。貝恩策略顧問公司發現，八○％的公司領袖自認提供過人的顧客體驗，但僅八％的顧客同意他們的看法！[2] 也就是說，不論你給自

家的產品或服務打幾分，有極高的機率是誇大不實。

　　這種錯誤的認知主要不是來自過分樂觀或自大，而是更尋常的原因：過分仰賴**可得**與**熟悉**的數據。以我任職過數年的健康照護公司為例，那間公司在評估品質時，僅採用「淨推薦分數」（net promoter score，NPS）一個指標。[③] NPS 在二○○一年問世，分數的依據是問填答人一個簡單的問題：「從一分到十分，您有多大的可能會向他人推薦這項產品或服務？」

　　對那間健康照護公司來說，NPS 是可以得到與熟悉的指標，甚至高階主管的獎金就是看是否達成 NPS 目標。領導團隊專注於 NPS，不是因為他們有證據這是最理想的品質評估方式（他們沒能證明），只不過是公司向來這麼做。

　　八○％的客服部門都採用 NPS 等顧客滿意度分數，即便《哈佛商業評論》的數據顯示，若要評估客戶是否想繼續跟你做生意，那不是理想的指標──**不滿意**的顧客中，僅二八％打算不再使用目前的供應商，卻有兩成**滿意**的顧客想找新的供應商。[④] 這解釋了為什麼我那間健康照護公司推出了改善方案，提升公司軟體的穩定度與品質，讓產品獲得大幅的改善，NPS 分數卻幾乎沒變。

　　多數顧客滿意度分數的第二個問題，在於幾乎永遠都有「小樣本」問題（"small n" problem）與**選擇性偏誤（selection bias）**──兩個問題一起反映出資訊技術講的「垃圾進、垃圾出」（garbage in, garbage out）。我曾經無數次坐在有人報告 NPS 的董事會議，結果發現樣本數極小；僅三％的受訪顧客填答，很難稱得上可信的樣本大小。

　　雖然的確有時候，很低的回覆率就能精確呈現整個群體的感受。然而，這種數據會有額外的問題──選擇性偏誤。某些顧客更可能或更不可能回答大型的問卷調查。你可以想像一下：你搭乘共乘服務下車後，系統請你用五顆星的制度評分，你填答的**可能性**是否會受司機極度友

善、車子很乾淨影響（五顆星）？也或者剛才的服務只是很不錯（四顆星）？如果你發現自己碰到特別好或特別差的體驗時，更可能回答問卷，現在你懂什麼叫選擇性偏誤。再加上樣本數少，你就知道問題有多大了。

第一章「找人是為了看到結果」提過的**觀察者期望效應**，也能解釋為什麼我們會以不正確的方式評估顧客的感受。人都有一個眾所周知的傾向：我們只聽想聽的話。如果有品質評估方法可以給我們那種答案，我們會喜歡用。舉個例子，有一次，我問某位經驗豐富的執行長，她如何評估公司的品質。答案是她的領導團隊仰賴線上評論，說穿了就是他們會看 Yelp 網站。我訝異他們這麼做，因為很多研究都已經指出，多數的線上評論會有問題，企業永遠不該據此判斷自己的表現。[5] 我查了他們家在 Yelp 上的分數，就明白為什麼這間公司偏好用這個標準：有六八％的評論給出「傑出」評價，還有二三％認為「非常好」。

公司品質或許真有那麼好，但那不是管理階層使用那個評估法的原因。他們其實是因為觀察者期望效應，才一直使用 Yelp 的：也就是操縱實驗，獲得想要的結果。以我朋友的例子來講，整間公司都想相信自己做得很好，也因此他們無意間使用提供那個答案的評估標準。

史丹佛商學院教授拉克爾與布萊恩・泰洋（Brian Tayan）發現，我們在評估顧客怎麼想的時候，還會受最後一種偏誤影響——過分仰賴我們的個人直覺。[6] 我尤其喜歡他們舉的大型速食連鎖店的例子。餐廳連鎖店的管理階層深信，員工流動率低是顧客滿意度的主要驅動因子。管理階層告訴史丹佛團隊，不必看其他因子了。他們根深柢固的想法是降低人員流動率，品質就會上升。研究團隊詢問，為什麼他們如此深刻感受到這個連結，即便他們並沒有支持這個說法的數據。管理階層告訴研究人員：「我們就是**知道**這是關鍵的驅動因子。」

儘管管理高層那麼說，史丹佛團隊依然想自行找出答案。幸好他們

繼續深入挖掘，因為研究結果顯示，重要的不是整體的員工流動率，而是店經理的流動率。這間餐廳連鎖店為了提升品質，耗費數年的精力與資源，專注在整體員工流動率，但**關鍵的槓桿點，其實是把力氣用在訓練經理就夠了。**

以上談到的偏誤，全都沒有要刻意誤導我們——危險的地方就在這。認知偏誤是在**無意間**搗亂我們的思考流程。道理如同你需要解決資歷查核會出現的確認偏誤。你還在一群應徵者中挑人時，就要做資歷查核，不能有屬意的人選後才做。如果想要真正了解顧客對你的產品或服務有什麼看法，你也需要建立類似的預防措施。首先第一步就是跟他們回家。

跟他們回家

史考特・庫克（Scott Cook）販售 TurboTax、QuickBooks、Mailchimp等產品，把 Intuit 這家公司打造成每年營業收益二十億美元的公司。Intuit 能長期成功的關鍵因素，就在於庫克執行他所說的「跟他們回家」（follow them home），也就是庫克版本的「走在拖拉機後面」。如同他所言：

> 我們觀察處於「自然棲息地」的顧客，蒐集他們喜歡什麼、不喜歡什麼、他們會碰上哪些挑戰，以及他們如何使用產品。

庫克沒發明軟體、沒發明網路，也沒發明現代的會計系統。然而，他持續以銳利的眼光，耐心觀察顧客如何與他的產品互動、看顧客如何使用。庫克在 Intuit 建立起文化，經由末端使用者的體驗來觀察自家產品。「跟他們回家」讓 Intuit 依據顧客如何使用產品，得知該增減哪些功

能，公司的力氣要集中在哪裡。Intuit 財務長認為，「跟他們回家」是
Intuit 能稱霸業界的主要原因：

> 那個觀察顧客的流程，提供我們深度的顧客沉浸，協助我們專
> 注於顧客真正喜歡與欣賞的東西，而不是煩他們，給他們你能
> 做、但沒人想要的東西。⑦

　　NPS 問卷調查或許能讓你大致知道顧客的整體滿意度，但你完全不
會知道，你需要做什麼才能在下一年擊敗對手。Intuit 的故事讓我想起保
羅・英里遜創辦 Kayak 的時候，每天會花半小時親自接客服電話。我問
那個思維模式是否受他的 Intuit 工作經驗影響，保羅回答：「Intuit 企業
深深影響著我如何思考顧客。這個思維模式要歸功給他們，尤其是庫
克。」

　　不要管團隊告訴你什麼。把你的直覺和假設擺到一旁。不要管你朋
友的經驗。不要跟公司總部的人聊天。不用在意最新的行銷問卷。如果
你想要勝過對手，你必須跟著顧客回家，仔細觀察他們怎麼使用你的產
品或服務。

逐字的力量

　　如果汽車大王亨利・福特（Henry Ford）當年用問卷調查工具
SurveyMonkey 詢問美國人是否滿意目前的運輸方式，我們有可能現在還
在騎馬，因為如同福特所說的，民眾會告訴他：「給我們跑得更快的
馬。」

　　今日輕輕鬆鬆就能設計問卷，寄給成千上萬潛在的受訪者。我們因
此經常會用方便快速的電子問卷調查，取代古老的和顧客聊天。然而，

我們知道問卷調查會碰上「小樣本」問題、選擇性偏誤，以及一般會簡化成幾個空泛的題目。問卷提供了圖表與簡報能用的數據，但對於找到洞見沒有太大幫助。

　　湯姆‧芬尼（Tom Feeney）是我「逐字的力量」（power of verbatim）的支持者。Safelite 汽車玻璃（Safelite Autoglass）這間有七十五年歷史的公司，從事的是更換破損的擋風玻璃的傳統產業。芬尼在 Safelite 服務二十年後升為執行長。在那之前，他帶領公司的零售營運、全球銷售與支援，也擔任過顧客長。我列出這些職務是為了說明芬尼很了不起。他先前在 Safelite 的二十年期間，主要工作都是負責面對顧客，但他成為執行長後，並沒有自認是這方面的專家，依然要求團隊直接與末端使用者對話：

> 我們決定不再擔心 NPS 分數，改成逐字逐句研究顧客給我們的評論……這樣能以更完整、更有前因後果的方式，透過顧客的眼睛看我們公司的業務。[⑧]

　　庫克會觀察顧客使用他家的產品，芬尼則會和顧客聊他們想要什麼、需要什麼。舉例來說，芬尼的團隊因此得知，顧客的關鍵需求是簡單快速就能下單。Safelite 因此重新設計使用者介面。原本預約換玻璃需要點選四十次，新版本只需要點十五次。此外，公司還得知顧客希望在等待時，能夠追蹤技師的所在位置，不只是知道他們預計何時會抵達而已。Safelite 因此研發出類似於共乘 app 的功能，可以顯示技師目前人在哪裡。問卷調查是問不出這些事的，因為沒人會想到要問：「您想在手機上追蹤技師的所在位置嗎：是或否？」這個點子來自於先傾聽顧客一字一句說話。

　　Safelite 在換裂掉的擋風玻璃這個平凡的行業裡，已經有近八十年的

時間。然而，芬尼因為應用逐字的力量，不到十年的時間就讓銷售翻倍。芬尼、英里遜、庫克讓我們看到，了解不同客層重視的事，不是靠問卷調查，而是讓你的團隊離開辦公桌，跟著顧客回家，一字一句聽他們講話。

▌工具34：預測型測量與診斷型測量

追蹤末端使用者與逐字聽他們說話後，你得出的品質定義，能讓你找到可以勝出的市場區塊。不過，定義品質後，你還需要了解如何運用**預測**和**診斷**工具。

大部分的品質分數只能簡單**測量**已經發生的事。預測型工具則讓你能**管理**結果，區別很大。想像你擁有甜甜圈連鎖店。你想搶占的市場區塊重視兩件事：顧客能多快在店內買完東西走人，以及架上是否有他們最愛的甜甜圈口味。你得知這個資訊後，設計出兩個關鍵的 KPI：

- 最長的排隊等待時間
- 架上沒有顧客要的甜甜圈次數

你運用第十七章「關鍵績效指標」的概念，你知道如果這兩件事做對了，顧客會開心。差別就在這裡。與其找出顧客是否開心（計算過去），還不如運用預測工具，**帶來**開心的顧客。

預測型測量（predictive measurement）威力強大，因為你將有辦法採取營運方面的行動影響未來。舉例來說，如果工具通知你，目前排隊的顧客人數超過三人，你可以管理這個結果，在隊伍變得更長之前，多派一名工作人員支援這個時段，帶來開心的顧客。你也可以裝設監測系統，提醒店內的肉桂捲何時快賣完了，就能在架上空空如也**之前**，就開

始烤更多的肉桂捲。

　　診斷型測量（diagnostic measurement）要和預測型測量一起使用。兩種測量蒐集到的「事件發生後數據」（after-the-fact data），讓你能調查你需要下哪些營運方面的功夫，強化可行的部分，解決有問題的地方。診斷工具太常只被拿來計分，但正確使用的話，可以開啟為什麼會發生某件事的解釋流程，你就能管理結果。四種最常見的診斷式工具包括淨推薦分數（NPS）[9]、客戶費力度（customer effort score，簡稱 CES）[10]、一次解決率（first contact resolution，簡稱 FCR）[11]、顧客滿意度（customer satisfaction，簡稱 CSAT）。[12]

圖 21-1：診斷型測量

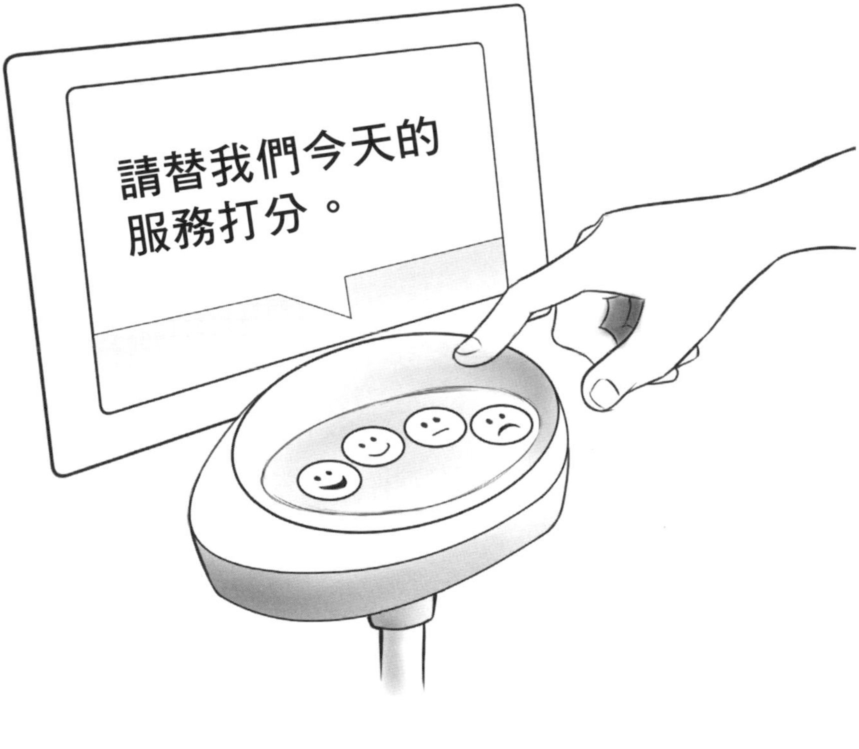

回到甜甜圈店的例子。想像你管理剛才提到的兩個 KPI。你利用那兩個預測型測量，讓店內隨時都能提供肉桂捲，排隊的人數通常也不多。然而，假設你也蒐集診斷型測量，方法是輪流在各家甜甜圈分店，擺放一台行動裝置（圖 21-1）：

這個方法不會讓你知道，顧客為什麼按下笑臉或皺眉的臉；你只知道他們有沒有按。然而，如果你的預測 KPI 是正確的，你能預期診斷型測量與預測型測量有關聯（圖 21-2）。換句話說，等候時間最短、架上肉桂捲缺貨次數最少的分店，理應得到最多的「笑臉」。如果的確是這樣，你大概走對路了，你應該繼續執行你的營運計畫。

圖 21-2：診斷與預測的關聯性

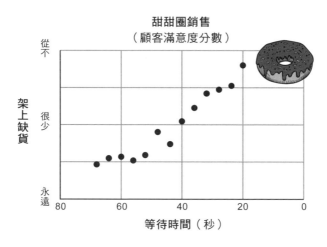

然而，萬一最開心的顧客和你的預測分數無關，那該怎麼辦？你無法從診斷型測量中得知，為什麼等候時間最短、架上不曾缺肉桂捲的分店，拿到次數超出預期的皺眉臉，但你還是因此得知出了問題，需要花時間走在拖拉機後面。

你後續從逐字對話中得知，你的顧客其實滿意排隊的長度，肉桂捲也依然是熱門商品。問題出在你一個月前，決定不再賣冰咖啡。顧客不滿意的是這點。不過，由於你同時使用診斷型測量與預測型測量，在大量顧客跑到你最大的競爭者那兒，去對街買早上的咖啡**之前**，你還有時間做一些調整。

▌最後再補充一點……

把品質當成對抗競爭對手的利器時，不能只憑直覺。這和靈機一動無關，**不是**管理團隊腦力激盪後的成果。你必須直接從客戶那裡，蒐集有辦法據此行動的數據，下達戰術指令。就如同品質專家腓德里克·德布勞內（Frédéric Debruyne）與安德里亞斯·杜威伯（Andreas Dullweber）所言：

> 經驗豐富的領導者會仔細研究尚在早期階段的計畫，找出哪些計畫順利執行，做到強化願景，應該投入更多的資源。在此同時，他們還會避免執行大部分的目標顧客不在乎的計畫，或是快速中止。他們得出這些洞見的方法是分析顧客回饋，再搭配其他的市場研究數據、財務數據、媒體報導與社媒監測站。[13]

執著於品質不是喊口號，也不是有遠大志向就可以了。執著來自刻意採取以數據為本的做法，包括測試點子、追蹤結果與反覆迭代，直到找出你能做什麼來打中顧客在意的事。從 Safelight 汽車玻璃等日常產業，到 Intuit 等創新者，不管是什麼類型的公司，在組織裡應用相關的品質**子技能**，將帶來皆大歡喜的結果。

▌本章重點摘要：走在拖拉機後面

一、小心**烏比岡湖效應**。領導者會因此對自家的產品品質，有著誇大的印象。原因在於沒人願意相信自己正在提供糟糕的服務或產品。

二、公司領導者之所以錯估顧客的感受，最常見的原因是仰賴隨手**可得**與**熟悉**的數據。

三、小心**觀察者期望效應**，避免使用投你所好的品質評估法。

四、大部分的顧客滿意度評估法，有兩個常見的問題，要特別留意：**樣本小**與**選擇性偏誤**。

五、**跟著顧客回家**：你的對手很少會使用這項競爭利器。

六、**逐字的力量**：用問卷與表單以外的方法獲得洞見，找出你的競爭者會錯過的事。

七、**預測型測量**：這種工具能讓你更方便**管理**結果，而不是在事後才告訴你發生了什麼。

八、**診斷型測量**：和**預測型測量**一起使用的工具。透過蒐集數據，研究過去的事件，影響未來的決策。

九、用數據來帶動（drive）品質。執著於品質源自刻意採取以數據為本的做法，包括測試點子、追蹤結果與反覆迭代，直到找出你能做對哪些顧客在意的事。

第22章

不驚艷絕不罷休

你必須做到超級精彩，讓人想再看一遍，還拉朋友一起來。

——華特・迪士尼（Walt Disney）

　　哈佛商學院教授麥可・波特率先指出，做生意不是努力一家通吃所有市場。大部分的產業會有數個競爭者成功進入不同的市場區塊。這可以說明為什麼豐田和特斯拉（Tesla）同時是成功的電動車製造商。兩家各自提供高品質的產品，服務重視碳排放的消費者，但他們的顧客以不同的方式定義品質。兩家公司沒試著拿下所有的顧客，也因此兩家公司都成功了。

　　今日的資訊流幾乎是發生在彈指之間。競爭者只需要按一個鍵，就能把價格調成和你一樣，或是利用社群網絡平台挖走你的明星員工，還能從世界各地取得原料，管他是田納西（Tennessee）或塔斯馬尼亞（Tasmania）都沒差。遠距工作讓新興競爭者能雇用全球的勞動力。也就是說，今日幾乎不可能憑著在市場上和每一位對手正面交鋒，就打造出永續的競爭優勢。你想獲勝的話，必須仔細找出對品質有獨特定義的

顧客區隔，接著以**不驚艷不罷休**的精神，滿足那些需求。

找出那塊市場

中小型企業在這一塊有龐大的優勢。再次舉例說明。今日有小但興旺的獨立書店市場。先前獨立書店遭逢接二連三的重大打擊，先是被巴諾書店（Barnes & Noble）等大型零售連鎖書店打壓，再來又有亞馬遜進入書店市場，日後又出現 Kindle 等新型閱讀方式。獨立書店要不就關門大吉，要不就破產──一間接著一間倒閉。

然而，自二〇一〇年起，獨立書店的數量卻成長五〇%。[1] 哈佛商學院教授萊恩‧拉法耶里（Ryan Raffaelli）寫道，獨立書店能欣欣向榮，原因是找到自己的市場區塊。拉法耶里認為那些區塊包括「社區、策展與聚會」（community, curation, and convening）。[2] 獨立書店不和亞馬遜拚價格、便利度或可得性。獨立書店能絕處逢生，原因是他們瞄準的顧客想要亞馬遜或 Kindle 提供不了的東西。《華盛頓郵報》（*The Washington Post*）報導，獨立書店能成長靠的是「社區連結，而不是和亞馬遜打錙銖必較的價格戰。」。[3]

重點是如同電動車買主或書店讀者沒有單一的定義，品質也沒有單一的定義。成功的組織會利用子技能，運用分析法來定義品質，接著尋找競爭對手錯過或沒興趣服務的市場一角。

暢銷書作家麥可‧路易士（Michael Lewis）在暢銷書《魔球》（*Moneyball*）中講了一個故事。奧克蘭運動家隊（Oakland A's）運用分析法，找出獨特的球員市場。在二〇〇〇年初，這支球隊手中的財務資源，只有波士頓紅襪隊（Boston Red Sox）或紐約洋基隊（New York Yankee）等球隊的幾分之幾，不可能去搶熱門球員。總經理比利‧比恩（Billy Beane）於是研究出以不一樣的方法評估球員品質，他找到一塊

市場，在一群被低估的球員中找人。

　　比恩的團隊發現，如果想知道打者得分的可能性，比起球員的打擊率（評估進攻球員的傳統指標），上壘率（打者有多常站上一壘）才是更好的指標。奧克蘭運動家隊因為挑的特質不同，不去跟其他球隊搶相同的球員，有一塊人才市場隨他們挑。運動家隊執行這個選人策略後，在歷經數年的低迷球季後，出現十二年來的最佳表現，挺進季後賽。

　　在商業界也有值得留意的例子。某間英國銀行應用相同的概念，找到帶來利潤的銀行顧客區塊。那個區塊重視偵測、制止與快速解決詐騙的程度，高過其他任何事。④ 那間英國銀行運用《魔球》的概念，找出屬於自己的一片天。其他銀行追求的客戶，用 ATM 數量等傳統指標來評估品質，這間銀行則攻下服務不足的市場，他們不什麼客戶都搶。他們專注打造服務，滿足那個有特定品質定義的圈子，接著就稱霸那個市場。⑤

▍讓你的顧客驚艷

　　做到顧客眼中的基本品質要求，不會培養出忠誠度。如果要挖出護城河，讓別人搶不走你的顧客，你得讓顧客**感到驚艷**。至於該怎麼做，最好的例子是謝家華的 Zappos 網路鞋店。

　　在這個年代，從狗食到快煮餐，萬事萬物都在網路上行銷、販售與送到家門口，Zappos 在網路上賣鞋子聽起來沒什麼。然而，Zappos 的營收在十二年內超越十億美元，還成為美國人最想進的前十大公司。⑥ Zappos 的成功與謝家華在顧客周遭挖的護城河，源自**不驚艷不罷休**。

　　想一想，我們今天完全不必跟任何人互動，就能買好客廳的沙發，或是訂好機位。我們只需要拿著手機，就能叫車、下載登機證、通過美國運輸安全管理局（TSA）的安檢、在航線登機門自行掃描 QR 碼——

根本不需要與人互動。同樣的,我們不必接觸任何人,就能買菜並送到家門口,或是替車子加油。

與我們如何購物相關的創新,省下數十億美元的人工費,並在許多方面改善了顧客體驗。然而,謝家華注意到,這些創新也讓許多建立顧客忠誠度的傳統機會消失。如果你用手機下單、接著由 DoorDash 外送平台送達的 Cheerios 穀片,吃起來跟在喜互惠超市(Safeway)或艾伯森超市(Albertsons)買的一模一樣,而你在這個過程中,永遠不會直接與任何人接觸,那麼超市要如何提供差異化的顧客服務體驗,培養出忠誠的顧客?

如果要解決這個挑戰,謝家華可以採取的策略是把九十二美元的鞋子,降價成八十九美元,透過讓顧客省三塊錢吸引他們。很多公司都那樣做。然而,謝家華知道,只要哪個競爭對手按一個鍵,調整自家的價格——進行所謂的「逐底競爭」(race to the bottom)——這種價格優勢就不見了。謝家華想要波特談的永續競爭優勢。

研究顯示,**驚艷**帶來的銷售是付費廣告的五倍,而且成本通常低於社群網絡上絕大多數沒人看的廣告。值得留意的是,就連平日的工作是制定銷售提案與行銷計畫的人士,也同意這個說法。三分之二的行銷專家承認,口耳相傳的行銷效果,勝過以傳統行銷刺激生意。[7]

然而,沒人會宣傳自己碰到符合期待的服務體驗。你得讓顧客驚艷,顧客才會想要跟別人提起你。謝家華知道如果 Zappos 想在網路上賣鞋,他得找出與眾不同的品質定義——能吸引特定市場區塊的定義——接著讓那群顧客驚艷。有一群人希望得到超越一般網站的服務品質,謝家華先是瞄準那群顧客,接著以有系統、有架構的方式提供特別的購買流程,鼓勵顧客與他的團隊成員直接互動。

大部分的企業會為了省錢,試著讓電腦解決顧客碰上的問題。Zappos 則直接與顧客對話。公司沒引導顧客使用自助服務,省下人工

費，反而在官網每一頁的最上方，以及寄出的每個包裹裡，放上客服的電話號碼。謝家華知道，如果把顧客扔給電腦處理，驚艷不了任何人——就如同 Zappos 所言：

> 如果你碰上需要協助的問題，打電話給商家，結果是跟自動化設備對話，可以說是爛‧到‧爆的體驗。幸好，Zappos 的顧客永遠不必冒著摔死的風險，為了聯絡到我們，爬上電話樹——永遠會有活生生的人會接起所有的電話，而且一般來說不必等上一分鐘。太棒了，對吧？人人都知道，等待客服接聽有多浪費生命。

謝家華的做法是把三塊錢的差價，用在「瘋狂執著於確保我們的顧客會開心」。Zappos 做到波特教授說的事，沒試著讓**所有**買鞋的人都開心，範圍只限於 Zappos 瞄準的客群。謝家華沒試著討好用最低價來定義品質的民眾。他瞄準的消費者只想獲得個人的顧客體驗——結果那塊市場價值二十億美元。

服務補救悖論

你的顧客知道，有時湯端上來會是冷的，送貨有時會遲到，剛釋出的新軟體通常會有錯誤。**服務補救悖論（service recovery paradox）**的概念是永遠都表現完美，不會帶來顧客忠誠度。如果你證明事情出錯時，你會好好補救，顧客反而會喜歡你。數據顯示最忠實的顧客，不是不曾碰上問題的顧客，而是碰過問題、但商家以出乎意料的好服務補救的顧客——這種現象被稱為服務補救悖論（圖 22-1）[8]。

服務補救悖論開始於明白沒人會稱讚湯送來的時候溫度恰到好處。

圖22-1：服務補救悖論

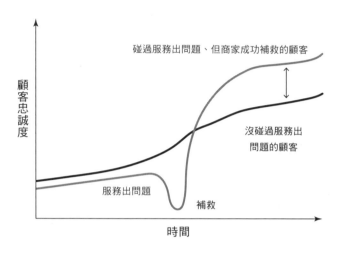

此外，如果先是送來冷掉的湯，但接著照一般的補救方式換成熱的，顧客一般也不會開罵。然而，我們的確知道如果湯送來的時候是冷的，接著經理親自出來道歉，還送了一份甜點，那麼顧客會告訴別人這件事。

換句話說，失望的顧客不會帶來成本，反而是培養顧客忠誠度的大好機會。對大部分的組織來說，這需要讓文化與戰術出現巨大的轉變。如果你的組織會因為出錯而處罰員工，你將錯過服務補救悖論的機會。舉例來說，如果餐廳侍者知道通報降至室溫的湯，將導致老闆開始盤問是誰搞砸的，那他們當然只會悄悄幫顧客換一碗新的湯，然後就繼續服務下一桌。沒人會說出這個失誤。那就不會有免費的甜點當然也沒有感到驚艷的顧客。

我在差點毀掉一間傳承三代的家族事業之前，及時讀到《關鍵時刻》這本書，開始了解服務補救悖論。我設置警示敏感客戶的制度，鼓勵通報失誤。很簡單，如果員工透過這個警示系統，通報客戶碰上的問

題，沒人會被處罰。敏感客戶警示基本上是大富翁的免罪卡。反過來也一樣。如果公司得知有客戶失望了，但相關人員沒有警示，那麼該通報但沒通報的人員會有懲處。此外，我們讓這個計畫進一步制度化，指派一名經理專門負責在全公司推廣有問題要通報，接著運用服務補救悖論，處理客戶碰上的問題。這個計畫除了改善服務品質，大概還是我們做過的所有公司決策中，帶來最多利潤的一個。

┃工具 35：3S 高品質流程

沃爾瑪百貨的創始人山姆・沃爾頓（Sam Walton）知道，如果要跟塔吉特百貨（Target）、K-Mart 百貨，以及傑西潘尼百貨（JCPenney）搶顧客，他得超出期待。「公司的目標是讓顧客服務不只是最好的。」沃爾頓曾經表示：「而是要變成傳奇。」當然，競爭對手的執行長，也想要提供優秀的服務。差別不在於沃爾頓特別有雄心壯志，而在於他打造「**可擴大、可持續**與**簡單**」（**s**calable, **s**ustainable, and **s**imple）的流程，讓自己的願景成真。

許多領袖犯的錯是以為品質是一種「心態」，或是能透過喊「品質為王！」等口號成真。執著於品質需要「3S」，也就是建立可擴大、可持續與簡單的流程。顧客不在乎你的廣告說了什麼；顧客唯一在乎的，只有你是否符合他們定義的品質。如果要長期提供那樣的高品質——公司上下持續做到——只有一個辦法，那就是讓品質內建在流程裡。舉例來說，創始人沃爾頓沒吩咐店經理：「你們要讓顧客感到賓至如歸」，而是建立迎賓人員的制度。這個簡單的例子是可擴大、可持續與簡單的營運戰術。⑨

執行 3S 始於讓產品或服務第一次就做對。第一次就要做對的原因，在於成本結構需要你這樣做——事後再來處理問題非常昂貴。由於這句

話太真實了，六標準差（Six Sigma）的概念（九九‧七三％的產品或服務第一次就做對），在一九八〇年代中期流行起來，據說替奇異公司省了超過十億美元。[10] 追求品質不是一種美德。追求品質是節省成本、產生營收的策略，協助你在市場上成功。執著於品質，才能賺到更多錢。

一份橫跨各產業一千三百家企業的大型調查，指出交貨時品質不佳會帶來的成本衝擊。[11] 研究團隊檢視受訪者的缺陷率（defect rate），接著把那些公司分成從最好到最差的五個等級。每發生一個錯誤，員工平均需要用兩小時修正。依據受訪企業的平均薪資率來計算，相較於墊底的企業，表現最好的企業每位員工省下的金額高達一‧三四萬美元。

以我管理過的電信公司為例，每位顧客裝機時，我們採取百分之百的檢查率。起初有多名經理認為這樣做成本太高，試圖說服我隨機檢查比較省錢。然而，當時我已經發現，如果裝機團隊知道裝不好絕對會被發現，他們就會第一次就裝對——換句話說，品質是免費的。事情如我所料，我們的返修率降至幾乎是零。我們因此省下的錢遠超過檢查的成本。我們沒召開全員大會，鼓勵團隊「盡心盡力服務」，或是在員工餐廳釘海報，也沒有和外部的廣告公司合作想口號，這些我們全都沒做。我們把力氣用在可擴大、可持續、用於確保品質的**流程**上。

▎越簡單，越完美

追求品質時，複雜是你的敵人。大部分的品質問題源自偏離標準，而隨著複雜度增加，偏離的機率也會大幅上升。什麼意思呢？想像一下，我們一起去靶場學射擊。我們兩個人都對著靶發射十次。[12] 教練用雙筒望遠鏡看了一下，宣布我有五發射中靶心，你一發都沒有。依據這個消息，我們以為我射得比較好。然而，我的歡呼只持續到教練取回靶紙（圖 22-2）。

圖22-2：誰是比較厲害的射手？

你　　　　　　　　　　　　本書作者大衛

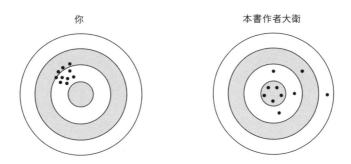

　　教練告訴我們，你是比較厲害的射手。理由自然是你的射擊表現比我一致。我或許有比較多發射中靶心，但那是誤打誤撞。你則不一樣，只需要稍微調整臉頰靠在槍托上的位置，在下一輪的射擊，你就能十發有八發射中靶心。

　　設計品質流程時，你讓系統愈複雜，愈可能變成亂槍打鳥。流程步驟愈多，偏離的次數也會多，也就是錯誤率會上升。

　　舉例來說，如果你告訴電話客服中心的人員，接電話要有禮貌，你等於是在替系統招來一定程度的變異性；每位客服人員將自行判斷怎樣算禮貌，接著經理就必須監督、評估與提供回饋給每個人不同版本的禮貌。另一方面，如果你要求大家接起電話時，永遠要說：「風河環境您好。有什麼能為您服務的？」如果每位客服都講一樣的話，經理就很好監督，期待很明確，你的流程可擴大、可持續的機率將大增。[13] 產品的複雜度愈高，這個概念就愈關鍵。以軟體為例，最簡單的程式永遠最不會出錯。沃爾頓設置商店迎賓人員，就是這點聰明──不僅可擴大、可持續，還非常簡單。

最後再補充一點……

艾美·艾略特的公司 Madison Reed 稱霸的染髮市場區塊，顧客想要能夠方便地在家就擁有高品質的染髮成果。Madison Reed 不和其他的產品競爭，例如在藥妝店販售的 Clairol。而偏好高級髮廊服務的顧客，也不是 Madison Reed 的客群。艾美的公司服務的顧客區塊有自己的品質定義，她認為那個區塊的需求沒獲得滿足。艾美和謝家華一樣，她沒試著一網打盡，而是找到屬於自己的角落 —— 順帶一提，那個角落讓 Madison Reed 的銷售額在本書寫作的當下逼近二·五億美元。

想讓所有人都變自己的顧客是常見的錯誤。那麼做反而只會一個都抓不到。你讓目標顧客**驚艷**時，一定會有人喜歡，也有人不喜歡。如果所有的顧客都要討好，你將在營運層面疲於奔命，到最後每一件事都做得普普通通。你在思考品質的時候，要跟謝家華創立 Zappos 一樣，或是和艾美的 Madison Reed 一樣——找出以不同方式定義品質的市場區塊，接著滿足你的顧客，不驚艷絕不罷休，打造出屹立不搖的公司。

本章重點摘要：不驚艷不罷休

一、記住，做生意不會只有一個贏家拿下所有的市場。

二、運用《魔球》的分析戰術，找出被忽視的獨特利基市場，找到你能闖出一片天的領域。不能憑直覺或用猜的。

三、如果要引發口耳相傳，讓人們爭相走告，你必須**超越**顧客期待。光是中規中矩還不夠。

四、努力**不驚艷不罷休**。這麼做能帶來的銷售，將是付費廣告的五倍。你將脫穎而出，而且遠比傳統的銷售與行銷便宜。

五、把某些市場讓給競爭者。你在讓顧客**驚艷**的時候，一定還是會有人

跑去別家。

六、利用**服務補救悖論**。以令人驚艷的方式修正錯誤，可能讓顧客從此對你死忠。

七、運用服務補救悖論的方法是打造系統、誘因與流程，而不是喊口號。

執行本書的五個必備技能

去吧，好好表現。如果你上場時努力拿出好表現，就有機會優秀。

——杜比，投手教練

　　我在本書的開頭，告訴你哈勒戴投出無安打比賽的故事。教練在賽前告訴他：「去吧，好好表現。如果你上場時努力拿出好表現，就有機會優秀。」我寫這本書的初衷是我關心領導這個主題，我知道優秀的領導者能成就大事——那是這個世界目前非常需要的東西。你將能以正面的方式影響他人的生活——甚至或許還不只那樣。我希望你也能有機會優秀，因此在我結束本書之前，我要提醒本書談的**五大技能**不能只是挑著做。

　　彈鋼琴的時候，學會雙手一起彈是最難的步驟——然而，如果過不了這一關，你永遠脫離不了「兩指神功」。本書談的部分技能就像那樣——有的比較難執行，有的比較不有趣。然而，如同學鋼琴有不能跳過的步驟，優秀管理當然也沒有捷徑。比起隨便看兩眼履歷，就開始面試應徵者來說，召集團隊一起用經過特別設計的問題面試比較麻煩。**淺薄工作比深度工作**容易。寄線上的品質問卷給顧客，也比運用**逐字的力量**簡單。然而，如果你想要有機會優秀，無法挑挑揀揀，什麼都得做，

困難的也必須要做。

沃爾頓身處歷史悠久的行業，但儘管比別人晚起步五十多年，他依然輕鬆超越傑西潘尼、塔吉特與 K-Mart 等百貨。原因並非百貨公司是他發明的，而是他雇用更優秀的員工，持續專注於目標，聽取建議，小心管理時間，執著於他的顧客如何定義品質。沃爾頓或許沒完全按照本書的建議舉行會議，但他的確召開有效的會議。這就是為什麼你必須掌握這五種技能與底下的子技能，要不然無法成為下一個沃爾頓——就算你不想學的也得學。

你會想要挑幾個子技能來做就好，而如果你這麼做，你八成會挑簡單的，至於難的、乏味的、無聊的則跳過，不受團隊歡迎的也跳過。如同矽谷億萬創投家本・霍羅維茲（Ben Horowitz）在他的書《什麼才是經營最難的事？》所言，這是經營最難的事。

然而，五大技能一起上陣時，你將如虎添翼。想像一下事情會如何不同。如果你**走在拖拉機後面**，知道如何**和喬一樣聆聽**；而且**找人是為了看到結果**，在**入職一百天**期間教新人上手，讓身旁有傑出的團隊，還運用**徹底坦率**與**立即績效回饋**輔導他們。優秀人才沒跳槽到競爭對手那兒，因為你透過**離職面談**與**三百六十度評估**，預先找出問題。大家聚在一起開會時有效率，有目標。此外，當你有疑問，你能向一群**顧問**求救。你的團隊朝同樣的方向快速前進，因為你有排好優先順序的**營運計畫**，還有一套有效的 KPI。

如果你想要有機會優秀，不能只執行簡單的技能。要優秀的話，就要全部一起做，就連困難的技能也要。

這就是為什麼直到五大技能成為習慣之前，我建議你把這本書留在辦公桌上，放在每天能看到的地方。你要用實體的東西提醒自己，你致力於執行五大技能。這五大技能是從知道如何完成事情的管理者，去蕪存菁而來的。接下來，努力讓組織的每一個層級，也能掌握相關的子技

能。優秀的管弦樂團不能只有一個彈鋼琴的人，還要有一群技巧精湛的樂手才行。你的組織也一樣，想一想，當整個組織都充分掌握完成事情的五大技能，那將會是多強大的力量啊。**領導者是當一個指揮，而不是當樂手。**

最後，一旦整個組織都執行五大技能，請把你這本已經翻閱到破破爛爛的書，交給你的組織以外的人。如同那句格言，你要把愛傳下去。等輪到你當導師，你要讓下一代的領袖者都能看到，雖然他們已經還不錯，他們同樣有權優秀。

注釋

前言

1. Collins, J. (2001). *First Who, Then What*.

第 1 章

1. Collins, J. (2001). *Good to Great: Why Some Companies Make the Leap . . . and Other Don't*. New York, NY: Harper Business.
2. Leadership IQ, *Why New Hires Fail*, 2011 and 2020.
3. Cappelli, P. (2019, May–June). Your approach to hiring is all wrong. *Harvard Business Review*.
4. Gladwell, M. (2019). *Talking to Strangers*. New York, NY: Little, Brown and Company.
5. Adler, L. (2007). *Hire with Your Head: Using Performance-Based Hiring to Build Great Teams*. 3rd ed. Hoboken, NJ: Wiley.
6. 同前。
7. 薪資史往上走的資訊是在組織表現良好的強指標；但美國的某些州和自治市禁止組織詢問先前的薪資，以防史上弱勢族群的薪資歧視重演（例如男女同工不同酬）。如果允許詢問先前的薪資，事先必須設置保障措施，確保這個資訊不會造成公司的薪資結構歧視。
8. Smart, G., and Street, R. (2008). *Who*. New York, NY: Ballantine Books.
9. Adler, L. (2007). *Hire with Your Head: Using Performance-based Hiring to Build Great Teams*. 3rd ed. Hoboken, NJ: Wiley.

第 2 章

1. 為保護當事人的隱私，此處的姓名經過變動。
2. Martin, J. (2014, January 17). For senior managers, fit matters more than skill. *Harvard Business Review*.

3. Greenberg, A. (2015, January). Why employee onboarding matters. *Contract Recruiter*.
4. Flowers, V. S., and Hughes, C. L. (1973, July). Why employees stay. *Harvard Business Review*.
5. Seppala, E., and King, M. (2017, August 8). Having work friends can be tricky, but it's worth it. *Harvard Business Review*.
6. Mejia, Z. (2018, March 30). Why having friends at work is so crucial for your success. *CNBC*.
7. Cutter, C. (2022, June 25). Bosses swear by the 90-day rule to keep workers long term. *Wall Street Journal*.
8. Cutter, C. (2022, June 25). Bosses swear by the 90-day rule to keep workers long term. *Wall Street Journal*.

第 3 章

1. Eichenwald, K. (2012, July 3). Microsoft's lost decade. *Vanity Fair*.
2. Buckingham, M., and Goodall, A. (2015, April). Reinventing performance management. *Harvard Business Review*.
3. Cunningham, L. (2015, July 23). Accenture CEO explains why he's overhauling performance reviews. *The Washington Post*.
4. Sutton, R., and Wigert, B. (2019, May 6). More harm than good: The truth about performance reviews. *Gallup Workplace*.
5. Scott, K. (2019). *Radical Candor: How to Get What You Want by Saying What You Mean*. New York, NY: St. Martin's Press.
6. Scott, K. (2019). *Radical Candor: Be a Kick-Ass Boss Without Losing Your Humanity*. New York, NY: St. Martin's Press.
7. 「回饋三明治技巧」（feedback sandwich）一詞，一般認為來自玫琳凱美妝公司（Mary Kay Cosmetics）的創辦人玫琳凱‧艾施（Mary Kay Ash）。
8. Farragher, T., and Nelson, S. (2002, October 24). Business record helps, hinders Romney. *Boston Globe*.
9. Robison, J. (2006, November 9). In praise of praising your employees. *Gallup Workplace*.

第 4 章

1. Fleenor, J., and Prince, J. (1997). *Using 360-Degree Feedback in Organizations*. Greensboro, NC: Center for Creative Leadership.
2. Zenger, J., and Folkman, J. (2012, September 7). Getting 360 degree reviews right. *Harvard Business Review*.

3. 由於此一案例性質敏感，名字為虛構，意見回饋的內容也經過改寫，但語氣和整體內容符合真實情形。

4. Marcroft, D. (2021 June 22). *A silenced workforce: Four in five employees feel colleagues aren't heard equally* [online]. UKG.

第 5 章

1. Eagle Hill Consulting. (2015). *Are low performers destroying your culture and driving away your best employees? Here's what you can do* [online].

2. 有的人認為，所有人都必須是 A 級員工。我感到這種想法過於理想化。多數組織的職位只需要 B 級員工就能勝任，用 A 級員工來取代 B 級員工需要耗費的時間與精力（與支出），將不利於更重要的優先事項。我建議盡量把力氣用在影響程度大的職位。那種職位究竟是由 A 級人才或 B 級人才來擔任，將對你的組織產生最重大的影響。

3. 我要感謝葛蘭罕‧衛佛（Graham Weaver）提供這個簡單實用的工具，在許多問題前加上「三年後」幾個字，尤其是與人事有關的題目。

4. 這幾題是與史丹佛同事衛佛一起研發。

5. Manzoni, J-F., and Barsoux, J-L. (1998, March–April). The set-up-to- fail syndrome, *Harvard Business Review*.

6. Sutton, R. (2007). *The No Asshole Rule: Building a Civilized Workplace and Surviving One That Isn't*. New York, NY: Hachette Book Group.

7. 人身攻擊、侵犯私人領域、令人不舒服的肢體接觸、威脅、尖酸刻薄、電子郵件飆罵、貶低、羞辱、打斷、暗箭傷人、瞪視、視人如無物。

8. Collins, J. (2001). *Good to Great: Why Some Companies Make the Leap . . . and Others Don't*. New York, NY: Harper Business.

9. 我找不到這句話的原始出處。戴夫‧湯瑪斯（Dave Thomas）在二〇〇七年的 Qcon 演講讓這句話出名，但我找到更早就有人講過這句話的資料。

第 6 章

1. Axelrod, B., Handfield-Jones, H., and Michaels, E. (2002, January). A new game plan for C players. *Harvard Business Review*.

2. Dalio, R. Bridgewater Associates.

3. COBRA 的員工保障範圍可能出現變動。這裡以 COBRA 為例，只是為了解釋大概念：你應該請教自己所屬的法律管轄地區與產業的專家，一起仔細研究適用的法規。在與受影響的員工見面前，先做好萬全的準備。

4. 這是我個人的勞資訴訟經驗，不一定適用於你的情況。各位在判定自己的情形、事實與情況前，應先請教律師與顧問。

5. 如果你有任何理由相信，某個人可能對你的團隊做出暴力行為，或是製造危險情形，開解僱會議前要先詳細請教專家。如果你不確定，或是感到最好取得額外的經驗助力，那就尋求專家的建議。

6. Peterson, J. (2020, March-April). Firing with compassion. *Harvard Business Review*.

第 7 章

1. McFeely, S., and Wigert, B. (2019, March 13). This fixable problem cost U.S. businesses $1 trillion [online]. *Gallup Workplace*.

2. 同前。

3. 同前。

4. Nelson, N. (2021). *Make More Money by Making Your Employees Happy*. 2nd ed.

5. Brooks, A. (2022, October 13). If you want success, pursue happiness. *The Atlantic*.

6. 布蘭查通常被視為這句話的出處，但他歸功給事業夥伴瑞克‧泰德（Rick Tate）。兩人在肯布蘭查公司（The Ken Blanchard Companies）攜手合作。肯布蘭查是創立於一九七九年的跨國管理訓練與顧問公司。

第 8 章

1. 腓德烈‧泰勒（Fredrick Taylor）也有類似的工時學研究。

2. Sutton, R., and Rao, H. (2014). *Scaling Up Excellence: Getting to More Without Settling for Less*. New York, NY: Crown Business Books.

3. EarthDate. (2020). *How 10 fingers became 12 hours* [online].

4. Porter, M., and Nohria, N. (2018, July–August). How CEOs manage time. *Harvard Business Review*.

5. Mark, G. (2006, June 8). Too many interruptions at work? *Gallup Business Journal*.

6. Gehl, K., and Porter, M. (2020). *The Politics Industry: How Political Innovation Can Break Partisan Gridlock and Save Our Democracy*. Boston, MA: Harvard Business Review Press.

7. Newport, C. (2016). *Deep Work: Rules for Focused Success in a Distracted World*. New York, NY: Grant Central Publishing.

8. Perlow, L. (1999). The time famine: Toward a sociology of work time. *Administrative, Science Quarterly, 44*(1).

9. Horne, J. A., and Östberg, O. (1976). A self-assessment questionnaire to determine morningness-eveningness in human circadian rhythms. *International Journal of Chronobiology, 4*(2).

10. Fogg, B. J. (2020). *Tiny Habits: The Small Changes That Change Everything*. Boston, MA: Mariner Books.

第 9 章

1. Lewis, N. A., and Oyserman, D. (2015, April 23). When does the future begin? Time metrics matter, connecting present and future selves *Psychological Science, 26*(6).
2. Parker, J. (2021, June 18). An ode to procrastination. *The Atlantic.*
3. Techonomy Media. (2011). *Jack Dorsey on working for two companies full-time* [Video]. YouTube.
4. McTighe, J., and Willis, J. (2019). *Upgrade Your Teaching: Understanding by Design Meets Neuroscience.* Alexandria, VA: ASCD.

第 10 章

1. Mankins, M., Brahm, C., and Caimi, G. (2014, May). Your scarcest resource. *Harvard Business Review.*
2. 2019 Adobe Email Usage Study.
3. De Semet, A., Hewes, C., Luo, M., Maxwell, J. R., and Simon, P. (2022, January 10). *If we're all so busy, why isn't anything getting done?* [online] McKinsey & Company.
4. Porter, M., and Nohria, N. (2018, July–August). How CEOs manage their time. *Harvard Business Review.*
5. Stone, Lisa. Founder, The Attention Project.
6. Jackson, T., Dawson, R., and Wilson, D. (2003). *Understanding email interaction increases organizational productivity* [online]. Loughborough University.
7. Peck, S. (2019, September 20). 6 ways to set boundaries around email. *Harvard Business Review.*
8. Jackson, T., Dawson, R., and Wilson, D. (2003). *Understanding email interaction increases organizational productivity* [online]. Loughborough University.
9. Leswig, K. (2016, April 18). The average iPhone is unlocked 80 times per day. *Business Insider.*
10. Statista (2022). *Daily time spent on social networking by internet users worldwide from 2012 to 2022* [online].
11. Marshall, J. (2021, April 2). Scale was the god that failed. *The Atlantic.*
12. Dabbish, L., Kraut, R., Fussell S., and Kiesler, S. (2005, April). *Understanding Email Use: Predicting Action on a Message. Human- Computer Interaction Institute.* School of Computer Science, Carnegie Mellon University.
13. Plummer, M. (2019, January 22). How to spend way less time on email every day. *Harvard Business Review.*
14. Mankins, M., Brahm, C., and Caimi, G. (2014, May). Your scarcest resource. *Harvard Business Review.*

第 11 章

1. Bonsall, A. (2022, September 29). 3 types of meetings—and how to do each one well. *Harvard Business Review*.
2. Mankins, M., Brahm, C., and Caimi, G. (2014, May). Your scarcest resource. *Harvard Business Review*.
3. 同前。
4. Rogelberg, S., Scott, C., and Kello, J. (2007). The science and fiction of meetings. *MIT Sloan Management Review, 48*(2).
5. De Semet, A., Hewes, C., Luo, M., Maxwell, J. R., and Simon, P. (2022, January 10). *If we're all so busy, why isn't anything getting done?* [online]. McKinsey & Company.
6. Kennedy, R. (1971). *Thirteen days: A Memoir of the Cuban Missile Crisis*. New York, NY: W.W. Norton & Company.
7. Baer, D., and De Luce, I. (2019, August 13). 11 Tricks Steve Jobs, Jeff Bezos, and other famous execs use to run meetings. *Business Insider*.
8. 前美國參議員莫尼漢通常被當成這個觀點的出處。
9. Drucker, P. (2004, June). What makes an effective executive. *Harvard Business Review*.

第 12 章

1. 我們在商學院教個案研究時，會如實描述整體的情形，但為了增加情境的學習潛能，也為了保密，我們會調整部分的事實與姓名。戴貝寇與特朗尼就是這樣的例子。

第 13 章

1. 有時組織會要求員工簽訂保密協議，限制他們能告訴他人的事。你在問的時候要小心，不要鼓勵他人在知情或不知情的情況下，違反任何與保密有關的條款。
2. Cohen, B. (2022, October 20). What happened when the U.S. military played "Shark Tank." *Wall Street Journal*.

第 14 章

1. Barra, M. (2015, August 3). *My mentors told me to take an HR role even though I was an engineer. They were right* [online]. LinkedIn.
2. Zalta, E. N., and Nodelman, U. (Eds.). (2022). *The Stanford Encyclopedia of Philosophy* [online]. Stanford University.
3. Bridges, T. (2014, January–February). Elway rallies again. *Stanford Magazine*, Stanford, California.

第 15 章

1. Symonds, M. (2011, January 21). Executive coaching—another set of clothes for the emperor? *Forbes*.
2. Schmidt, E., Rosenberg, J., and Eagle, A. (2019). *Trillion Dollar Coach: The Leadership Playbook of Silicon Valley's Bill Campbell*. New York, NY: HarperCollins.
3. Freeman, M., Johnson, S., Staudenmaier, P., and Zisser, M. (2015). *Are Entrepreneurs "Touched with Fire"?* The University of California and Stanford University.
4. Larker, D., Miles S., Tayan, B., and Gutman, M. (2013). *2013 Executive Coaching Survey*. The Miles Group and Stanford University.
5. Symonds, M. (2011, January 21). Executive coaching – another set of clothes for the emperor? *Forbes*.

第 17 章

1. Porter, M., and Nohria, N. (2018, July–August). How CEOs manage time. *Harvard Business Review*.
2. 我是從史丹佛同事彼得森那學到「飛在正確高度」的講法。他是捷藍航空的創始投資人。
3. Ittner, C., and Larcker, D. (2003, November). Coming up short on nonfinancial performance measurement. *Harvard Business Review*.
4. 此處採用標準差的原始定義，以強調簡化的重要性。相較於平均值，數據的離散度才是更精確的標準差定義。
5. Southwest Airlines. (2021). *A turning point: The birth of the 10-mintue turn* [online].

第 18 章

1. 這裡要感謝創辦 Anacapa Partners 等事業的傑夫‧史蒂文斯（Jeff Stevens）。他多年前讓我首度認識基線預算的概念。
2. Isaacson, W. (2012, April). The real leadership lessons of Steve Jobs. *Harvard Business Review*.
3. Bariso, J. (2019). Bill Gates, Warren Buffett, and Steve Jobs all used one word to their advantage—and it led to amazing success. *Inc.*
4. Schwantes, M. (2022). Warren Buffett says what separates successful people from everyone else really comes down to a two-letter word. *Inc.*
5. Heath, C., and Heath, D. (2011). *Switch: How to Change Things When Change Is Hard*. Waterville, ME: Thorndike Press.

第 19 章

1. Hays Recruiting Specialists. (2017, October 16). *What People Want Report*.
2. 雖然主要與杜拉克以及他影響力極為深遠的《彼得·杜拉克的管理聖經》一書有關，最早的源頭是：George T. Doran: Doran, G. T. (1981). There's a SMART way to write management's goals and objectives. *Management Review*.
3. July/August Conference Board Review.
4. 「狂歡夜」的概念與名稱由來，最初來自最終併入惠普公司（Hewlett-Packard）的天騰電腦（Tandem Computers）。就我的了解，這個活動的發起人是天騰電腦創辦人吉米·崔比格（Jimmy Treybig）。
5. Sutton, R., and Rao, H. (2014). *Scaling Up Excellence: Getting to More Without Settling for Less*. New York, NY: Crown Business.
6. 在美國以現金形式提供薪酬，將碰上各種稅金的代扣繳。你考慮發給員工現金時，要先了解與考慮到這一點。

第 20 章

1. Gates, B. (1999). *Business @ the Speed of Thought*. New York, NY: Warner Books.
2. Debruyne, F., and Dullweber, A. (2015, April 8). *The five disciplines of customer experience leaders* [online]. Bain & Company Insights.
3. Afshar, V. (2017, December 6). 50 important customer experience stats for business leaders. *Huffington Post*. Based on work by Kolsky, E. (2017). *thinkJar annual survey*.
4. Hyken, S. (2020, July 12). Ninety-six percent of customers will leave you for bad customer service. *Forbes*.
5. Roesler, P. (2017, December 18). American Express study shows rising consumer expectations for good customer service. *Inc.*
6. Dolan, R. (1995, September–October). How do you know when the price is right? *Harvard Business Review*.
7. 同前。
8. Popularized in 1956 by Dr. Armand Feigenbaum, MIT Sloan School of Management.
9. Taguchi, G., and Clausing, D. (1990, January–February). Robust Quality. *Harvard Business Review*.
10. Dimensional Research. (2013, April). *Customer service and business results: A survey of customer service from mid-size companies* [online].

第 21 章

1. Svenson, O. (1981). Are we all less risky and more skillful than our fellow drivers? *Acta Psychologica, 47*(2).
2. Schwager, A., and Meyer, C. (2007, February). Understanding customer experience. *Harvard Business Review*.
3. 淨推薦分數（NPS）：用一分到十分（「完全不可能」到「極度可能」），回答向朋友或同事推薦某項產品或服務的機率。NPS 被證實是顧客滿意度指標。
4. Dixon, M., Freeman, K., and Toman, N. (2010, July–August). Stop trying to delight your customers. *Harvard Business Review*.
5. Aral, S. (2013, December 19). The problem with online ratings. *MIT Sloan Management Review*; Klein, N. et al. (2018, March 6). Online reviews are biased. Here's how to fix them. *Harvard Business Review*.
6. Mauboussin, M. (2012, October). The true measures of success. *Harvard Business Review*.
7. Kosur, J. (2015, December 16). Intuit's CFO wants to follow you home and watch you work. *Business Insider*.
8. Solomon, M. (2018, December 23). How Safelite built a customer service culture, doubled revenue by consulting customers directly. *Forbes*.
9. 淨推薦分數（NPS）：用一分到十分（「完全不可能」到「極度可能」），詢問他們向朋友或同事推薦你的產品或服務的機率。
10. 客戶費力度（CES）：利用問卷調查工具，請使用者替顧客體驗難易度打分數，一般採取一到五分的形式。CES 一般會在互動後立刻調查，詢問簡單的問題，例如：「戴夫甜甜圈是否讓我很容易買到甜甜圈。」一分代表「強烈不同意」，五分是「強烈同意」。
11. 一次解決率（FCR）：以百分比方式計算顧客碰到問題後，在第一個接觸點就獲得解決的頻率。FCR 一般是在內部蒐集，依據公司提供的數據來計算，而不是顧客端。
12. 顧客滿意度（CSAT）：利用問卷調查工具，請使用者替整體的顧客體驗滿意度打分數，一般採取一到五分的形式。CSAT 一般會詢問簡單的問題，例如：「您給今天購買甜甜圈的整體滿意度打幾分？」一分代表「非常不滿意」，五分是「非常滿意」。
13. Debruyne, F., and Dullweber, A. (2015, April 8). *The five disciplines of customer experience leaders*. Bain & Company Insights.

第 22 章

1. Shults, T. (2019, August 1). Comeback story: A new chapter for indie bookstores. *The Christian Science Monitor*.
2. Raffaelli, R. (2020). Reinventing retail: The novel resurgence of independent bookstores (Working Paper 20-068). Cambridge, MA: Harvard Business School.
3. Hahn, F. (2019, February 21). How do indie bookstores compete with Amazon? Personality—and a sense of community. *The Washington Post*.

4. Debruyne, F., and Dullweber, A. (2015, April 8). *The five disciplines of customer experience leaders*. Bain & Company Insights.

5. 同前。

6. Fortune (2011). 100 best companies to work for. *CNN Money*.

7. Todorov, G. (2021, March 22). *Word of Mouth Marketing: 49 Statistics to Help You Boost Your Bottom Line*. Boston, MA: Semrush.

8. Celso, A., Henrique, J. L., and Rossi, C. (2007, August). Service recovery paradox: A meta-analysis. *Journal of Service Research, 10*(1).

9. 設置迎賓人員的第二個原因是為了減少順手牽羊。

10. Dusharme, D. (n.d.). Six Sigma survey: Breaking through the Six Sigma hype. *Quality Digest*.

11. Takeuchi, H., and Quelch, J. (1983, July). Quality is more than making a good product. *Harvard Business Magazine*.

12. 靶場的例子靈感來自 Genichi Taguchi 與 Don Clausing。兩人在一九九〇年一月至二月刊的《哈佛商業評論》（*Harvard Business Review*）文章，提出類似的論點，標題為〈Robust Quality〉。

13. 風河環境（Wind River Environmental）是我管理過的新英格蘭公司，我們就是這樣接聽電話。不過，我第一次聽到這麼說的公司是達沃斯地毯（Dalworth Carpets），那是德州一間傑出的地毯清潔服務公司。在我的早期職涯，這間公司是我的品質導師。

國家圖書館出版品預行編目（CIP）資料

高效經理人手冊／大衛‧道森（David Dodson）著；許恬
寧譯. -- 初版. -- 臺北市：城邦文化事業股份有限公司商
業周刊，2024.07
　　面；　公分
譯自：The Manager's hand book: five simple steps to
　　　build a team, stay focused, make btter decisioms
　　　and Crush your competition
ISBN 978-626-7366-96-7（平裝）

1.CST：企業經營　2.CST：企業領導　3.CST：組織管理
494　　　　　　　　　　　　　　　　11306069

高效經理人手冊

作者	大衛·道森 (David Dodson)
譯者	許恬寧
商周集團執行長	郭奕伶

商業周刊出版部

總監	林雲
責任編輯	盧珮如
封面設計	萬勝安
內文排版	吳巧蕙
出版發行	城邦文化事業股份有限公司 商業周刊
地址	115台北市南港區昆陽街16號6樓
	電話：（02）2505-6789　傳真：（02）2503-6399
讀者服務專線	（02）2510-8888
商周集團網站服務信箱	mailbox@bwnet.com.tw
劃撥帳號	50003033
戶名	英屬蓋曼群島商家庭傳媒股份有限公司城邦分 公司
網站	www.businessweekly.com.tw
香港發行所	城邦（香港）出版集團有限公司
	香港灣仔駱克道193號東超商業中心1樓
	電話：（852）2508-6231　傳真：（852）2578-9337
	E-mail：hkcite@biznetvigator.com
製版印刷	中原造像股份有限公司
總經銷	聯合發行股份有限公司　電話（02）2917-8022
初版1刷	2024年07月
定價	420元
ISBN	9786267366967
EISBN	9786267366974（PDF）／9786267366981（EPUB）

The Manager's Handbook: Five Simple Steps to Build a Team, Stay Focused, Make Better
Decisions, and Crush Your Competition
© 2024 by David Dodson
This translation published under license with the original publisher John Wiley & Sons, Inc.
The copyright the translation in the name of: Business Weekly, a Division of Cite Publishing Ltd.
All Rights Reserved.

藍學堂

學習 · 奇趣 · 輕鬆讀